Theory & Practical

한 권으로 끝내는

메이크업

JN443645

메디시인

필자소개

구정은 부천대학교

권혜영 국제대학교

김유승 부천대학교

김은하 서경대학교

안서영 유원대학교

이상은 수원여자대학교

이유림 신경대학교

이정선 을지대학교

정철순 경남정보대학교

정홍자 경인여자대학교

진희정 서울종합예술실용학교

최정아 정화예술대학교

하진희 경민대학교

한 권으로 끝내는 **메이크업**

2022년 3월 1일 초판 인쇄
2022년 3월 5일 초판 발행

지은이 • 구정은·권혜영·김유승·김은하·안서영
이상은·이유림·이정선·정철순
정홍자·진희정·최정아·하진희

발행인 • 주병오·주민기

발행처 • 메디시인

주 소 • 경기도 파주시 회동길 209
파주출판문화정보산업단지

영업부 • 031－955－7566·7577

편집부 • 031－955－7731

F A X • 031－955－7730

홈페이지 • www.ji-gu.co.kr

전자우편 • jigupub@hanmail.net

등록번호 • 2005년 2월 16일 제 406－2005－000045호

ISBN 979－11－90839－53－2 가격 : 25,000원

머 리 말

메이크업은 자신을 나타내고 외모에 자신감을 가질 수 있는 최선의 방법입니다. 따라서 현대인들은 누구나 자기 자신이 또는 메이크업 아티스트에게 서비스를 받음으로써 자신의 얼굴을 최상의 모습으로 표현하고자 합니다.

이 책은 메이크업 아티스트가 현장에서 메이크업 직무를 수행하기 위해 요구되는 메이크업의 기초적인 지식과 메이크업 테크닉, 메이크업 시 유의할 점들을 이해하여 메이크업 기초 및 실무를 배우는 데 도움이 될 수 있도록 하였습니다.

뷰티를 전공하는 학생들뿐만 아니라 메이크업에 관심이 있는 모든 사람들이 쉽게 접할 수 있도록 이론적 배경지식보다는 실전에 필요한 내용으로 책을 계획하였고, 일러스트를 통해 메이크업 디자인 능력과 실기 테크닉을 강화시킬 수 있도록 구성하였습니다.

아울러 미용사 메이크업 국가자격증 취득의 실기시험에서 보이는 패턴을 익힘으로써 국가자격증에 필요한 패턴을 쉽게 적용하여 메이크업 아티스트가 갖추어야 할 역량을 강화할 수 있도록 하였습니다.

글로벌 지식사회에서 세계적으로 주목받고 있는 K-뷰티산업의 메이크업 직무를 향상시켜 새로운 장르를 개척하는 예술성을 갖춘 인재가 되는데, 조금이나마 도움이 되길 바라는 마음으로 메이크업 기초지식에서부터 실기 테크닉을 학습하는데 필요한 자료가 되길 바랍니다.

마지막으로 출판에 도움을 주신 메디시언 주민기 이사님과 임직원 분들께 깊은 감사를 드립니다.

임인년 새 봄에

구 정 은

차례

Contents

PART II 메이크업 실습

Chapter 03 얼굴형에 따른 수정 테크닉

Chapter 04 Eye Brow Pattern

Chapter 05 Eye Shadow Pattern

차례

Chapter 06 국가 자격증 Pattern

PART III Make-up Design

Chapter 07 Make-up Design

Chapter 1 메이크업 도구

Chapter 1

메이크업 도구

1. 피부표현에 필요한 도구

1. 스펀지 Sponge

손이나 브러시를 대신해서 메이크업베이스 및 파운데이션 등을 피부에 밀착시켜 쉽게 펴 바를 때 사용한다.

(1) 라텍스 스펀지 latex sponge

천연고무를 원료로 하여 만들어 졌으며 더러워졌을 때는 가위로 잘라 사용할 수 있다. 기공이 커서 베이스 제품 흡수량이 많고, 탄성이 높아 꼼꼼한 밀착에 효과적이며 여러번 두드릴수록 커버력이 높아진다(NR).

(2) 합성 스펀지 complex sponge

합성수지를 원료로 하여 만들어졌으며, 가격이 저렴하고 탄성 및 형태 보존력이 우수해 더러워졌을 때는 미지근한 물에 세척 후 재사용이 가능하다.

① NBR : 적당한 탄력감, 제품의 수분감을 뺏지 않아 건성피부에 효과적이며 내유성이 강해 리퀴드파운데이션과 잘 맞음.

② SBR : 합성고무 소재로 코팅면이 있으며 밀도가 높아 탄력성이 뛰어나고 세미매트한 피부표현과 요철이 많은 피부에 밀착력있게 표현됨.

③ 폴리우레탄 : 습식성 스펀지로 제품의 수분 손실이 없어서 악건성피부에 효과적이며 모공 커버력도 좋다. 예민한 피부는 물에 적셔서 사용이 가능함.

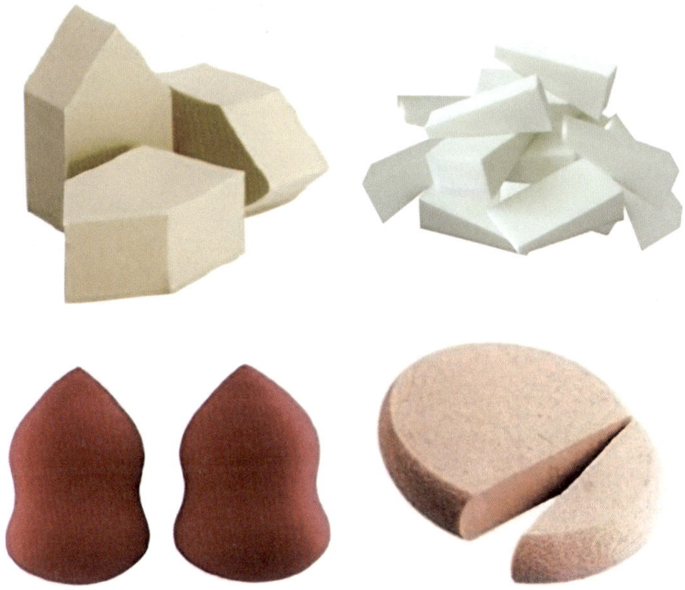

Check Point

스펀지 세척

스펀지의 변형이 없도록 흐르는 미온수에 적당한 힘으로 세척을 한다. 친수성이 좋은 스펀지일수록 균의 번식이 빨라 3~5회 세척후 새 것을 사용하는 것이 좋다.

2. 파우더 퍼프 Powder Puff

파운데이션을 바른 후 파우더를 바를 때 사용한다. 면, 벨벳, 합성섬유 등이 있다. 파우더가 뭉치지 않게 발리는 것이 좋고 가벼운 화장에는 브러시를 사용하지만 매트한 피부표현에는 파우더 퍼프로 양을 조절하며 바른다. 미지근한 물에 중성세제를 이용하여 세척하고 수건이나 종이 타월 위에 올려 그늘에 건조 시킨 후 재사용할 수 있다.

2. 메이크업 브러시

브러시는 용도에 따라 족제비, 오소리, 염소, 담비 등의 천연동물의 털로 제작되며 합성모와 혼합되어 만들어진 제품들도 있다.

① **천연모** : 부드러워 블렌드하는데 효과적이고 자연스러운 표현에 적당하다.

② **합성모** : 크리미한 제품, 촉촉한 제품을 바를 때 효과으로 천연소재에 비해 뻣뻣하지만 흐트러짐 없이 정확하게 표현할 수 있는 것이 장점이다.

(1) 파우더 브러시 Powder Brush

파우더를 얇고 자연스럽게 바를 때 좋고, 피부가 건조해서 파우더 바르기가 조심스러울 때 사용하면 효과적이다. 브러시 중 가장 크고 둥근 형태를 띤다. 뭉침없이 부드럽게 균일한 피부 표현이 되도록 부드럽고 풍성한 자연모를 선택한다.

천연모는 세척액을 구입하여 사용하거나, 미온수에 중성세제를 넣어 흔들어 세척한 후 린스를 넣어 깨끗하게 헹군 후 털의 형태가 변하지 않도록 가지런히 눕혀 수건이나 종이 타월 위에 올려 그늘에서 건조시킨다.

(2) 파운데이션 브러시 Foundation Brush

메이크업베이스나 파운데이션을 바를 때 사용하고, 내추럴 메이크업시 적합하다. 파운데이션을 균일하게 바를 수 있고, 바른 다음 스펀지를 두드리며 흡수시키면 밀착력이 좋아진다. 탄력있는 합성모를 선택한다.

(3) 팬 브러시 Pan Brush

부채꼴 모양의 브러시로 얼굴에 묻은 파우더의 남은 잔여물을 털어 내거나 아이섀도를 털어낼 때 사용한다.

(4) 블러셔 브러시 Blusher Brush

광대뼈의 튀어나온 볼 위에 사용하는 브러시로 자연스러운 혈색과 얼굴의 윤곽을 수정한다. 둥근 형태로 털의 양이 풍성하고 부드러운 것을 선택한다.

(5) 컨실러 브러시 Concealer Brush

다크서클, 기미, 잡티 등 피부의 결점을 커버하기 위해 사용한다. 탄력 있는 인조모를 선택한다.

(6) 아이섀도 브러시 Eyeshadow Brush

아이섀도를 바르는 부위에 따라 브러시 크기를 선택한다. 베이스용은 납작하고 넓은 것을 사용하고 포인트용은 좁고 탄력있는 것을 사용한다. 선명한 라인처리는 끝이 반듯한 것을 사용하고, 그라데이션용은 끝이 둥근 것을 사용한다.

(7) 사선 브러시 Slant Eyebrow Brush

각진 사선 형태로 눈썹의 공간을 채우거나 진하게 만들 때, 아이섀도로 눈썹을 그릴 때 사용한다. 돼지털은 힘이 있어 숱이 많고 털이 억센 경우에 사용하고, 청솔모나 족제비털은 눈썹이 얇고 부드러울 경우에 사용한다.

(8) 스크루 브러시 Screw Brush

눈썹을 그리기 전에 눈썹을 빗어 주어 눈썹 결을 정리해 주거나, 눈썹을 그리고 짙게 뭉친 부분을 정리하여 색을 부드럽게 할 때 사용한다. 또한 마스카라가 뭉친 속눈썹을 정리할 때 사용하기도 한다.

(9) 아이브로우 콤 브러시 Eyebrow Comb Brush

브러시는 눈썹의 형태를 정리하고 눈썹색의 농도를 조절할 때 사용한다. 작은 빗은 눈썹의 길이를 체크하여 눈썹을 컷팅해 정리하고, 속눈썹 사이에 뭉친 마스카라를 빗어줄 때 사용하기도 한다.

(10) 팁 브러시 Tip Brush

강한 색을 표현할 때, 포인트 컬러 사용에 용의하며, 펜슬 아이라이너 그라데이션에 사용한다. 스펀지 재질의 브러시로 섀도우 사용시 가루가 날리지 않는다.

(11) 립 브러시 Lip Brush

입술에 립스틱을 바를 때 사용하고, 털이 고르고 탄력 있는 것을 선택한다. 브러시의 끝이 둥근 라운드형은 곡선적 입술을 그릴 때, 스트레이트형은 각진 입술을 그릴 때 사용하면 편리하다.

3. 기타 도구

(1) 눈썹 가위 Eyebrow Scissors

눈썹을 정리하거나, 얼굴의 잔털이나 인조 속눈썹 등을 커팅할 때 사용한다.

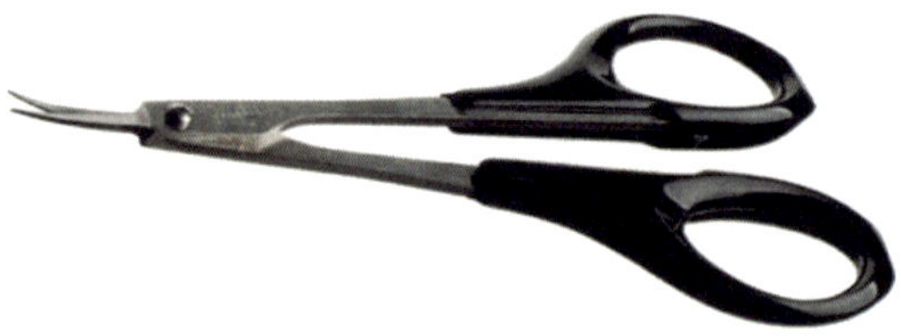

(2) 눈썹 칼 Eyebrow Knife

눈썹을 정리하기 위해 가위로 자르고 난 나머지 부분을 깨끗하게 다듬을 때 사용한다. 눈썹 결 방향으로 커팅을 하는 것이 피부에 손상은 덜 하지만 결 반대 방향으로 사용하면 커팅이 더 잘 된다.

(3) 족집게 Tweezers

눈썹 정리시 눈썹을 뽑거나 얼굴에 묻은 이물질, 잔털을 제거할 때 사용하며 인조 속눈썹을 붙일 때도 사용한다.

(4) 스파츌라 Spatula

립스틱, 크림 파운데이션 등 메이크업, 분장제품을 덜어서 사용하거나 파운데이션 및 유성제품을 믹싱할 때 사용한다. 스테인레스 재질로 위생적으로 사용할 수 있다.

(5) 팔레트 Palette

립스틱, 크림 파운데이션 등 메이크업, 분장제품을 덜어서 믹싱하거나, 조색하기 위해서 사용한다.

(6) 아이래시 컬러 Eyelash Curlers

속눈썹을 올려 자연스럽게 컬을 만들어 풍성하게 만들어 준다. 직모 눈썹에 사용하면 눈매가 또렷해 보인다.

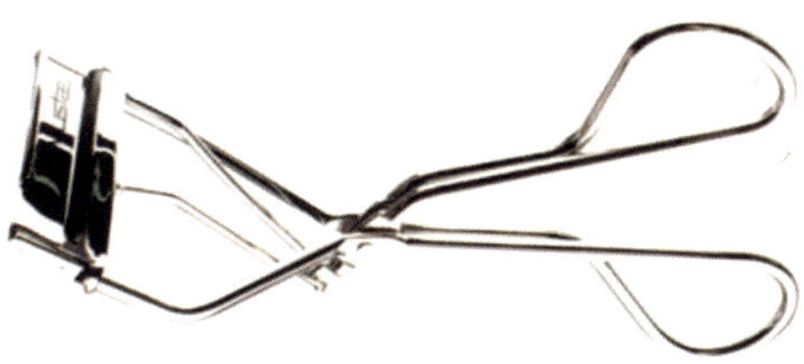

Chapter 2 메이크업 제품

Chapter 2

메이크업 제품

메이크업은 크게 베이스 메이크업Base Make-Up과 포인트 메이크업Point Make-Up으로 구분할 수 있다.

베이스 메이크업은 피부색을 보완해 피부색을 조절하고 피부의 결점을 커버해 깨끗한 피부를 연출한다.

Base Make-Up

- 메이크업 베이스Make-up Base
- 프라이머Primer
- BB크림Blemish Balm
- 파운데이션Foundation
- 컨실러Concealer
- 파우더Powder

포인트 메이크업은 연출 분위기에 따라 눈, 입술, 볼의 특정 부분을 색이나 화장법으로 강조하여 이미지를 연출한다.

Point Make-Up

- 아이브로우Eyebrow
- 아이섀도Eyeshadow
- 아이라이너Eyeliner
- 마스카라Mascara
- 립Lip
- 블러셔Blusher

1. Base Make-Up

피부를 표현하는 베이스 메이크업은 화장에 있어 전체 메이크업의 약 70~80%를 결정해 줄 정도로 상당히 중요하다. 피부색은 개인마다 색상이 다르고 차이가 있기 때문에 본인에게 잘 맞는 컬러 선택으로 피부타입에 맞는 제품을 선택하여 피부의 색과 결점을 커버하고, 얼굴형을 보완하여 메이크업의 상승효과를 얻을 수 있다.

그리고 색조 메이크업인 포인트 메이크업을 더욱 돋보이게 하기 위해서는 피부표현이 성공적으로 이루어져야만 완벽한 메이크업 연출이 가능하기 때문에 깨끗하게 피부표현을 하는 것이 중요하다.

1. 메이크업 베이스 Make-up Base

사용방법 : 기초화장 후 파운데이션을 바르기 전에 사용한다.

① 피부 톤을 보정하여 안색을 정리해 준다.
② 파운데이션의 퍼짐성과 밀착력을 좋게 함으로써 지속력을 높인다.
③ 파운데이션 및 색조화장품이 피부에 흡수되는 것을 막는다.

(1) 종류

① 리퀴드 타입 Liquid Type

수분을 많이 함유하고 있는 제품으로, 지성피부 등 모든 피부에 사용하기 적합하다. 자연스럽고 투명한 피부 표현에 효과적이다.

② 크림 타입 Cream Type

커버력이 있어 무거운 느낌이 있으며, 건성피부에 사용하기 적합하다.

③ 젤 타입 Gel Type

청량감이 있어 지성피부에 사용하기 적합하며 가볍게 바를 때 사용한다.

④ 펄 타입 Shimmery Type

미세한 펄을 함유하고 있는 제품으로, 피부를 윤기 있게 표현해 주며 촉촉한 느낌의 글로시한 피부표현을 위해 사용한다.

(2) 피부타입에 따른 컬러 선택방법

색상	사용 피부색	효과
화이트 White	칙칙한 피부	피부를 투명하고 밝게 표현한다.
퍼플 Purple	노란 피부	노르스름한 피부색을 중화한다. 동양인의 피부에 적합하다.
그린 Green	붉은 피부	붉은 기가 있는 피부색을 중화한다 모세혈관 확장, 여드름 피부
핑크 Pink	창백한 피부	혈색 없고 창백한 피부를 생기 있어 보이게 하고, 화사한 피부표현에 효과적이다.
오렌지 Orange	햇볕에 그을린 피부	태닝 한 피부에 적합. 어두운 피부

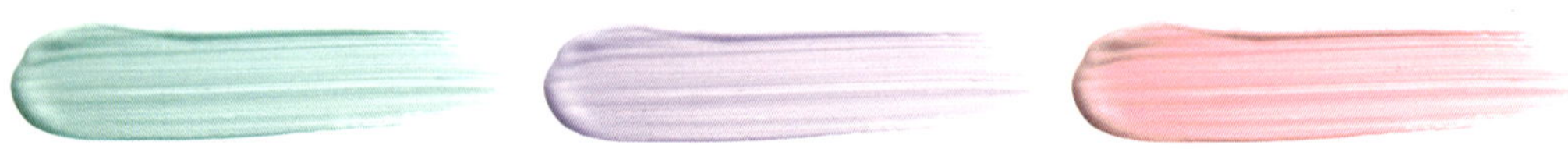

그린 컬러 바이올렛 컬러 핑크 컬러

2. 프라이머 Primer

사용방법 : 메이크업 베이스 전 단계나 파운데이션 전 단계에 사용한다.

① 울퉁불퉁한 피부 결을 정리하여 매끄러운 피부표면을 연출한다. 모공 커버

② 과도한 피지분비를 조절하여 파운데이션의 지속력을 높인다.

(1) 종류

① 페이스 프라이머

실리콘 성분이 함유되어 피부 표면을 채워주면서 모공이 커버되어 피부결을 매끄럽게 한다. 그래서 모공이 넓고 피부에 요철이 많은 사람이 사용하면 효과적이다. 프라이머는 매끄러운 피부표현을 위해 사용한다.

② 립 프라이머

입술의 주름을 커버하여 매끈하게 표현해 주며, 입술 메이크업이 오래 지속되도록 한다.

③ 아이 프라이머

눈가의 피부 톤을 보정해주고 색조화장품의 발색력과 지속력을 높여주며, 번짐을 방지한다.

3. BB크림 Blemish Balm

사용방법 : 기초화장 후 적당량을 바른다.

① 자연스러운 내추럴 화장에 적합하다.

② 파운데이션에 비해 커버력이 약하고, 지속력이 떨어진다.

③ 비비크림은 블레미쉬밤 Blemish Balm 으로 피부과에서 시술 후 민감해진 피부를 보호 및 재생시키기 위해 처음 사용되어진 제품으로 독일의 닥터 크리스틴 슈라멕사에서 만들어진 제품이다.

④ 우리나라에서는 생얼 열풍으로 가벼운 화장이 트렌드로 이어지자 자외선 차단, 메이크업 베이스, 파운데이션 등을 바르는 과정을 모두 생략한 토탈 제품으로 개발되어 사용되었으며, 자연스럽게 피부를 커버해 주는 역할을 하는 제품으로 사용되고 있다.

4. CC크림 Color Control

사용방법 : 기초화장 후 적당량을 바른다.

① 피부 톤을 조절한다.

② 비비크림에 비해 수분함량이 많아 촉촉한 표현이 가능하다.

③ 비비크림, 파운데이션에 비해 커버력이 약하고, 지속력이 떨어진다.

④ 비비크림보다 더 가볍고 자연스러운 피부표현에 효과적이다.

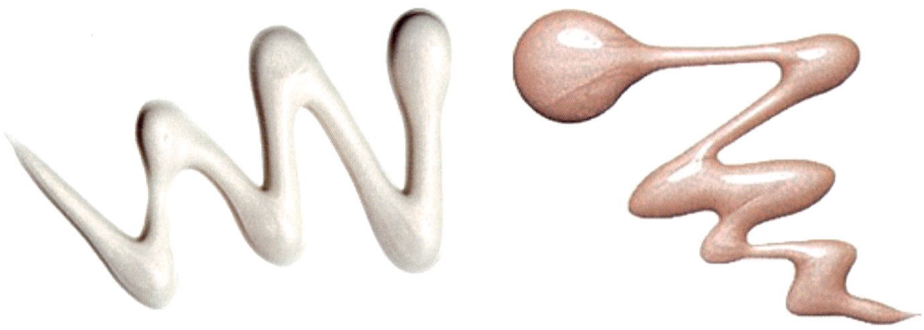

5. 파운데이션 Foundation

① 피부색을 조절한다.

② 결점을 커버하며 색조화장을 돋보이게 한다.

③ 얼굴의 윤곽을 수정하여 입체감을 연출한다.

④ 자외선이나 공해, 바람 등 외부 자극으로부터 피부를 보호한다.

(1) 종류

① 리퀴드 타입 Liquid type

액상 타입으로 수분함량이 많아 사용감이 산뜻하고 촉촉하지만 크림이나 스틱파운데이션에 비해 커버력과 지속력이 약하다는 단점이 있다. 결점이 없는 피부, 투명하고 자연스러운 피부표현에 좋고 모든 피부에 사용이 가능하지만 특히, 지성 피부에 사용하기 좋다. 수분함량이 많아 봄·여름 계절에 사용하기 적합하다.

② **크림 타입** Cream type

리퀴드 타입보다 유분 함량이 높으며, 커버력과 지속력이 좋다. 퍼짐성이 좋고 적당한 유분과 커버력이 있어 건성피부나 중년층이 사용하기 좋으며, 가을·겨울 계절에 사용하기 적합하다.

③ **스틱 타입** Stick type

유·수분을 혼합시켜 고체화시킨 것으로 커버력이 강하고 지속력이 우수하여 일반인의 사용보다는 장시간 촬영이 요구되는 전문가용으로 연극, 무대, 영상 등에서 사용한다. 기미, 주근깨, 여드름 등을 커버하지만, 다른 제품에 비해 피부 표현이 두꺼워 보일 수 있다. 건성피부 결점이 많은 피부에 적합하다.

리퀴드

크림

스틱

④ **스킨 커버** Skin cover

유분 함량이 많고 크림 타입보다 커버력이 우수한 유성 타입의 파운데이션으로 잡티나 기미와 같이 결점이 많은 피부나 악건성 피부에 사용하기 적합하지만, 화장이 두꺼워 보일 수 있는 단점이 있다.

⑤ **케이크 타입** Cake Type

파우더와 파운데이션의 압축 타입으로 커버력과 밀착력이 좋지만 건조하고 주름 생성이 되기 쉬운 단점이 있다.

⑥ **쿠션** Cushion

파운데이션이 들어있는 스펀지를 퍼프로 톡톡 두드리며 바르는 제품으로 모든 피부 타입 사용이 가능하다. 크림 타입과 스틱 타입보다는 커버력과 지속력이 떨어질 수 있다. 계절에 상관없이 간편하게 사용할 수 있고, 자연스러운 화장에 적합하다.

(2) 피부타입에 따른 컬러 선택방법

① **베이스 컬러** base color : 피부색에 가까운 색을 선택한다.

② **섀딩 컬러** shading color : 피부색보다 1~2톤 어두운 색을 선택한다.

③ **하이라이트 컬러** highlight color : 피부색보다 1~2톤 밝은 색을 선택한다.

(3) 사용방법

① 파운데이션을 안쪽에서 바깥쪽으로 펴준다.

② 파운데이션을 펴 바르거나, 가볍게 두드리며 흡수시켜 밀착력을 높인다.

③ 볼 부위는 잡티를 커버하면서 한 번에 많은 양을 사용하기보다 소량씩 여러 번에 나누어 바른다.

④ T-ZONE, O-ZONE 코, 눈·입 부분은 피하지방이 없고, 움직임이 많기 때문에 얇게 도포한다.

⑤ 헤어라인과 턱 라인은 경계가 생기지 않도록 세심하게 그라데이션 Gradation 한다.

(4) 얼굴 부위별 파운데이션 테크닉

얼굴의 부위별 특성에 맞게 사용하면 더욱 효과적이다.

① S존 S-Zone

얼굴의 볼 부분으로 움직임이 적어 쉽게 화장이 지워지지 않기 때문에 너무 얇게 바르지 않아도 된다. 베이스 컬러를 사용한다.

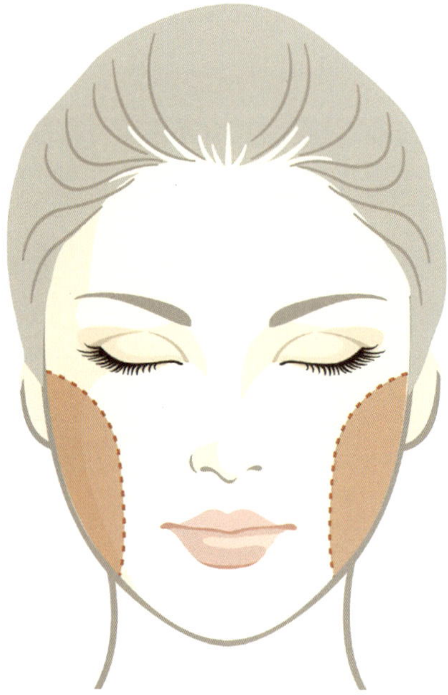

② T존, O존 T-Zone, O-Zone

T존은 이마와 콧대 부분으로 피지분비가 활발하여 화장이 쉽게 지워지기 쉽다. O존은 눈주변과 입주변으로 피부가 얇고 피하지방이 적으며 움직임이 많은 부위이기 때문에 파운데이션을 많이 사용하게 되면 무겁고 움직임에 의한 주름이 도드라져 보일 수 있기 때문에 파운데이션을 적게 사용하도록 한다. 하이라이트 컬러를 사용하여 얇게 바른다.

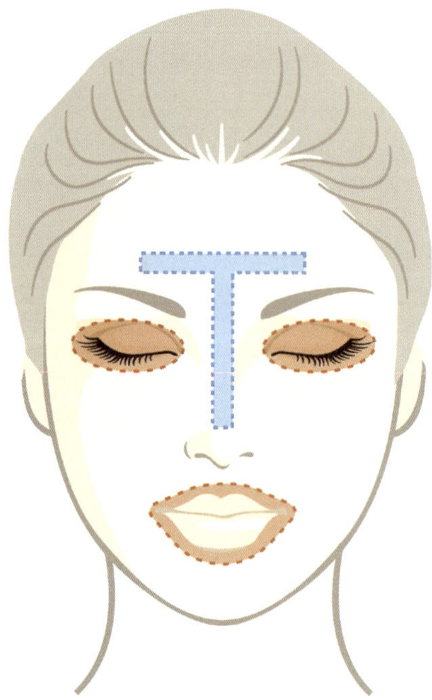

③ 헤어라인 존, 페이스라인 존Hair Line-Zone, Face Line-Zone

이마와 머리카락이 난 두피 부분, 턱선 부분으로 자연스럽게 경계가 생기지 않도록 섀딩컬러를 사용하여 세심하게 그라데이션Gradation 해야 한다.

④ Y존Y-zone

눈 밑 부분과 입 밑 턱 부분으로 베이스 컬러와 하이라이트 컬러를 동시에 사용할 수 있으며, 하이라이트 컬러를 사용하게 되면 더욱 화사해 보이고 생기 있어 보인다. 기미, 주근깨, 다크서클이 있는 부분으로 커버력이 요구되며 라텍스 사용시 뭉치지 않도록 충분한 패팅을 해 주어야 한다. 하이라이트 컬러를 사용한다.

6. 컨실러 Concealer

① 파운데이션에 비해 커버력이 좋아 피부의 결점을 커버하지 못한 부분에 추가적으로 커버하고자 할 때 사용한다.

② 눈 밑 다크서클, 붉은 반점, 기미, 주근깨, 여드름 자국 등 기타 피부의 결점을 부분적으로 커버할 때 사용한다. 피부톤과 비슷한 컬러를 사용하고, 다크서클은 피부 톤보다 1~2톤 밝은 톤 사용

(1) 종류

① 리퀴드 타입 Liquid type

수분 함량이 많고 엷게 표현되므로 자연스러운 피부 표현에 적합하다. 파운데이션과 잘 섞여 바르기 쉽지만 커버력이 크림 타입보다 약하다. 눈가의 다크서클, 하이라이트, 약한 잡티를 커버할 때 사용한다.

② 크림 타입 Cream type

완벽한 커버력을 가지고 있어 가장 보편적이고, 유분함량이 많아 잘 펴지고 유연하여 노화피부 및 건성피부 등에 적합하다.

③ 스틱 타입 Stick type

커버력이 가장 우수하여 붉은 반점이나 잡티를 커버하기에 적합하지만, 섬세한 눈가에 사용하는 것은 피한다.

④ 펜슬 타입 Pencil type

점처럼 좁은 부위 커버에 효과적이며, 휴대가 간편해 사용하기 편리하다.

7. 파우더 Powder

① 파운데이션 도포 후 남아있는 유분을 흡수하여 부자연스러운 광택을 제거한다.

② 파운데이션을 밀착시키고 지속시키는 역할을 한다.

③ 얼굴색을 깨끗하고 화사하게 표현한다.

④ 이물질이 피부에 달라붙지 않도록 하며 외부의 오염으로부터 피부를 보호한다.

(1) 종류

① 루스 파우더 Loose Powder

커버력이 낮은 편으로 가볍게 피부색을 깨끗하게 마무리해서 보송한 마무리를 위해 건성피부에 사용할 수 있다. 가루 타입 제품으로 가루 날림이 있어 휴대가 쉽지 않다.

- **투명파우더** : 색은 표현되지 않고 파운데이션의 유분기만 흡수하여 내추럴하게 자연스럽게 마무리된다.
- **컬러파우더** : 핑크, 베이지, 그린, 퍼플, 브라운 등의 컬러가 있다.

색상	연출 효과
핑크 Pink	창백한 피부에 혈색을 부여해 생기있어 보이는 효과를 주어 신부메이크업에 많이 사용한다.
베이지 Beige	중간 피부톤에 자연스럽고, 부드러움을 유지한다.
그린 Green	여드름 피부나 붉은기를 잡아준다.
퍼플 Purple	화사한 분위기 연출에 효과적이다.
브라운 Brown	어두운 피부톤에 사용하며, 자연스러운 윤곽 수정에 사용한다.

② 펄 파우더 Pearl Power

쉬머링 Shimmering 한 피부표현으로 광택감을 연출하여 얼굴 각도에 따라 입체감 있는 화려한 이미지 연출에 효과적이다.

③ **프레스트 파우더** Pressed Power

콤팩트 파우더라고도 하며, 루스 파우더를 고체형으로 압축시킨 제품이다. 루스 파우더에 비해 커버력이 뛰어나 단독 사용이 가능 하지만 매트함과 무게감을 느낄 수 있어 지성피부에 적합하다. 가루날림이 없어 휴대가 편리하다.

(2) 사용방법

① 파우더는 얼굴의 결점을 커버하기 위해 쓰는 제품이 아니라, 부자연스러운 유분감을 없애주기 위해 쓰는 제품이기 때문에 가급적 소량을 사용해야 한다.

② 건조한 피부라면 더 건조해지지 않도록 지나친 파우더를 피하고 파운데이션으로 끝 마무리를 하도록 한다.

③ 주름이 많은 피부에 파우더를 많이 바르게 되면 주름이 더 눈에 띄기 때문에 소량 사용하도록 한다. 움직임이 많은 눈, 입 주위도 소량 사용한다.

Check Point

파우더를 그대로 사용하면 과도한 양이 뭉치게 발릴 수 있다.

- **퍼프** Puff : 면 퍼프에 파우더를 적당량 묻혀 퍼프를 살짝 비벼 파우더가 뭉치지 않고 균일하게 묻게 한 후 사용한다. 매트하게 밀착력을 줄 때 사용한다. 지성피부 사용
- **브러시** Brush : 파우더를 적당량 묻혀 한 번 가볍게 털고 사용한다. 루스파우더, 프레스트 파우더 모두 사용할 수 있다. 가볍고 촉촉한 느낌을 살려주기 때문에 가볍게 유분기를 잡아줄 때 사용한다. 건성피부 사용

2. Point Make-Up

1. 아이브로우 Eyebrow

① 얼굴의 인상을 결정짓는다.

② 얼굴형과 눈매를 보완한다.

③ 눈썹 형태를 디자인하거나 수정하여 분위기 변화를 연출해 얼굴 전체의 이미지 변화와 개성을 창출한다.

(1) 종류

① 펜슬 타입 Pencil type

- **일반 펜슬** : 가장 대중적으로 사용되며 눈썹이 뚜렷하지 않거나 숱이 적은 경우, 짙은 화장 시 강하게 표현하고자 할 때 사용한다. 선명하고 깨끗하게 그려지며 그리기 쉽고 수정도 쉽지만, 번지기 쉽고 지속력이 약하다. 너무 진하면 부자연스러워 보일 수 있다.
- **에보니 펜슬** : 부드러운 흑연을 함유한 발색 없는 회색 연필로, 섬세한 표현이 가능해 눈썹 결을 따라 심듯이 뉘여서 그린다.

② 케이크 타입 Cake type

가장 자연스럽고 부드러운 느낌으로 표현된다. 케이크 타입은 눈썹 숱이 많은 사람에게 어울리고, 눈썹 숱이 많을 경우 빈곳에 메우듯이 마무리 한다. 색과 농도조절이 가능해 자연스러운 눈썹이 연출되지만 지속력은 약하다. 내추럴 메이크업시 효과적이며 케이크 타입으로 눈썹의 면을 메우고 꼬리 쪽은 펜슬로 가늘고 얇게 그릴 수 있다.

(2) 아이브로우 컬러에 따른 이미지

눈썹은 본래의 눈썹 형태에서 크게 벗어나지 않도록 얼굴형과 피부톤, 헤어 컬러를 고려해 색상과 형태를 연출하는 것이 중요하다.

① **흑색** : 강하고 확실한 이미지를 준다. 흰 피부를 가진 사람에게 잘 어울리고 고전적인 이미지 연출에 사용한다.

② **회색** : 침착하고 차분한 느낌을 주고 자연스럽다. 모든 사람에게 잘 어울린다.

③ **갈색** : 세련되고 부드러운 느낌을 주고, 어두운 피부톤에 잘 어울린다.

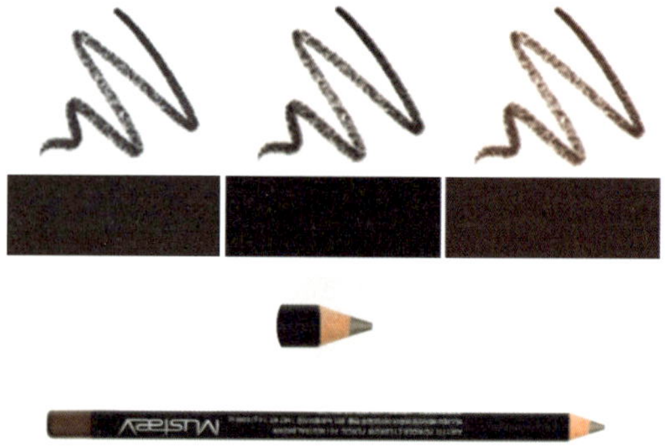

(3) 눈썹의 기본형태

① **눈썹머리** : 콧망울에서 일직선으로 올라간 선의 위치.

② **눈썹산** : 눈썹의 가장 높은 부분으로써, 눈썹 전체길이의 2/3 지점.

③ **눈썹꼬리** : 눈썹 길이는 콧망울 끝에서 눈꼬리 끝을 지나는 45°각도에서 만나는 점을 사선으로 이은 선의 위치.

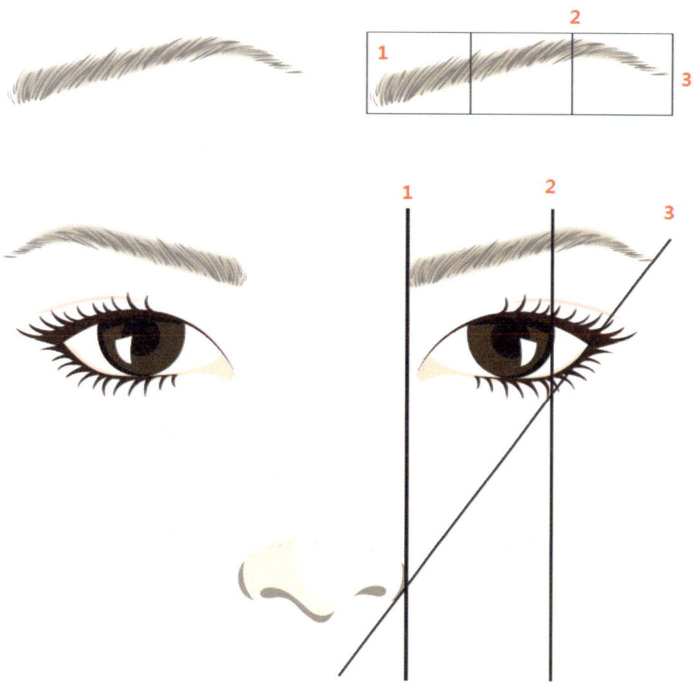

(4) 얼굴형에 따른 눈썹 형태

① 기본형 눈썹

가장 일반적인 눈썹 모양으로 모든 얼굴에 잘 어울린다.

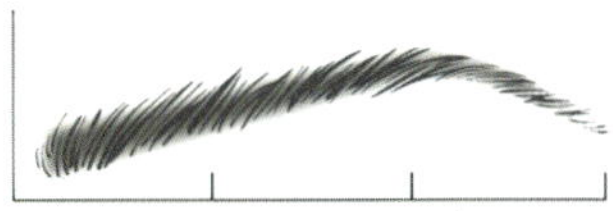

② 직선형 눈썹

- 기본형에 비해 눈썹 산이 낮으며, 눈썹 머리와 눈썹 꼬리가 수평에 가깝다.
- 젊고 활동적이며 남성적인 느낌이다.
- 긴 얼굴이나, 폭이 좁은 얼굴에 잘 어울린다.

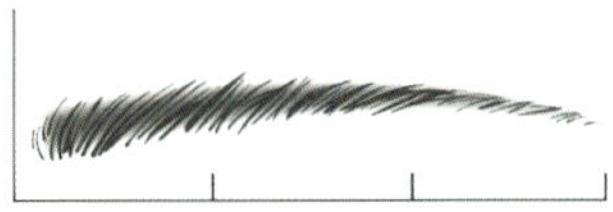

③ 각진형 눈썹

- 기본형에 비해 눈썹 산이 각진 형태이며 지적이며 세련된 느낌이다.
- 둥근 얼굴이나, 얼굴의 길이가 짧은 얼굴에 잘 어울린다.

④ 아치형 눈썹

- 기본형에 비해 가늘고 눈썹 산이 둥글게 올라간 형태이다.
- 시원하고 여성적이며 우아한 느낌이다.
- 각진 얼굴이나, 역삼각형, 이마가 넓은 얼굴에 잘 어울린다.

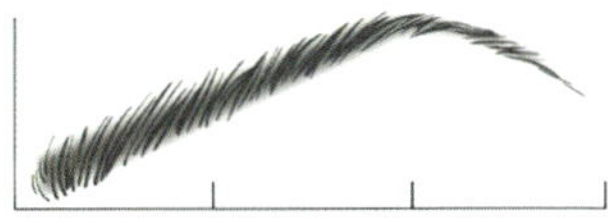

⑤ 상승형 눈썹

- 개성이 강하면서 시크한 느낌으로 활동적인 느낌이다.
- 둥근 얼굴이나, 이목구비가 작은 사람, 개성 없는 얼굴에 어울린다.

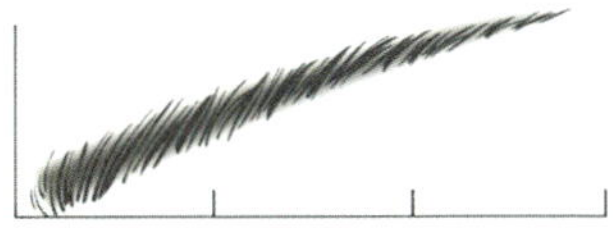

⑥ 처진 눈썹

착해 보이고 귀여운 느낌을 주지만 우울해 보이는 슬픈 인상을 주기도 한다.

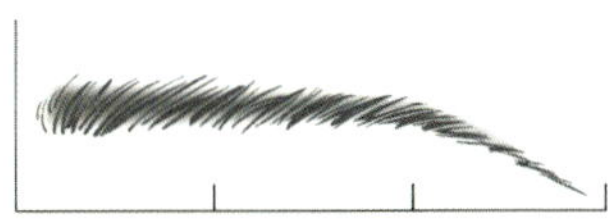

(5) 눈썹 수정 방법

① 두꺼운 눈썹

자신의 얼굴형에 맞게 눈썹을 그린 후 나머지 부분은 제거한다.

② 숱이 적은 눈썹

브라운 섀도로 채워주고 아이브로우 펜슬을 이용하여 눈썹 결을 따라 심듯이 뉘여서 한올 한올 그리며 형태를 만든다.

③ 올라간 눈썹

올라간 눈썹 산 부분을 제거하고 눈썹 꼬리 쪽을 굴리면서 그린다.

④ 아래로 처진 눈썹

처진 눈썹을 제거하고 브라운 계열 섀도로 눈썹 형태를 만들고, 아이브로우 펜슬로 깔끔하게 그린다.

⑤ 일직선 눈썹

눈썹 앞 머리와 꼬리 쪽 눈썹 털을 제거 하고 나머지 눈썹과 연결해서 얼굴형에 맞

는 눈썹 형태로 그린다.

2. 아이섀도 Eyeshadow

① 눈에 음영을 주어 입체감을 강조하여 눈을 보다 크고 아름답게 만든다.
② 눈의 형태에 따른 결점을 보완하고 컬러를 통해 다양한 이미지 연출이 가능하다.
③ 색감을 주어 표정 있는 눈매를 연출한다.

(1) 종류

① 케이크 타입 Cake type

가장 대중적인 제품으로 누구나 쉽게 사용할 수 있으며, 그라데이션Gradation이 용이하여 색을 혼합하기 좋고 색상이 다양하다. 하지만 시간의 경과에 따라 지속력이 떨어질 수 있으며 가루 날림이 있어 주의해야 한다.

② 펜슬 타입 Pencil type

유분 함량이 많고 부드러워 밀착성과 퍼짐성이 좋지만, 사용 후 케이크 타입으로 매트하게 마무리해야 번짐을 방지할 수 있다. 발색력이 우수하여 포인트 컬러를 넣을 때 효과적이고 휴대하기 편리하지만, 컬러가 다양하지 못하고 뭉칠 우려가 있다.

③ **크림 타입** Cream type

유분 함량이 많아 부드럽게 잘 펴지며 원하는 색을 손가락으로 눈두덩에 발라서 자연스럽게 그라데이션 시킨다.

눈가가 건조한 사람에게 효과적이며 메이크업의 발색, 지속력의 효과를 높이고 싶은 경우에는 크림 타입의 제품을 먼저 사용한 후 같은 색의 케이크 타입 및 파우더 타입 제품을 브러시Brush를 이용하여 그라데이션 시켜주면 발색 및 지속력을 높일 수 있다. 하지만 뭉칠 우려가 있으며 얼룩지기 쉽기 때문에 주의해야 한다.

④ **파우더 펄 타입** Powder pearl type

입자가 아주 고운 펄 파우더로 스타 파우더라고도 하며, 주로 광택을 부여하고자 하는 하이라이트용으로 사용된다. 케이크 타입 및 크림 타입 섀도를 먼저 사용하고 같은 색 펄 타입 섀도를 그 위에 사용하면 발색력과 지속력을 높일 수 있다.

(2) 사용방법

[사용되는 도구]

① **브러시**Brush : 가장 기본적으로 사용되며, 브러시의 털의 종류에 따라 사용 용도가 달라진다. 탄력이 강한 브러시는 라인을 만들 때 편리하고, 부드러운 털은 베이스용으로 면을 만들 때 편리하게 사용된다. 사용 면적에 따라 브러시의 크기를 다르게 사용한다. 넓은 부위는 큰 브러시를 사용하고 작은 부위는 작은 브러시를 사용한다.

② **팁 브러시**Tip brush : 눈가에 강한 포인트를 표현하고자 할 때 사용한다.

③ **손가락** : 밀착력을 높여주고자 할 때 사용하며 그라데이션 표현이 용이하다.

(3) 아이섀도 컬러명칭

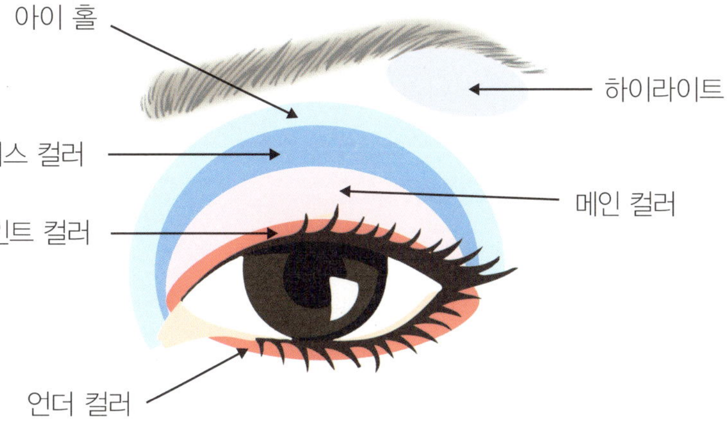

① **베이스 컬러** Base color

아이홀 전체에 도포하는 컬러로 포인트 컬러를 돋보이게 한다.

② **메인 컬러** Main color

아이 메이크업의 분위기를 좌우하는 컬러로 눈매의 이미지를 결정한다. 눈을 떴을 때 컬러가 보이도록 하고, 베이스 컬러보다는 진하고 포인트 컬러보다는 약하게 표현한다. 계절, 의상, 취향 등을 고려하여 강조하고 싶은 컬러를 선택해 이미지를 연출할 수 있다.

③ **포인트 컬러** Point color

눈매를 강조하기 위한 컬러로 눈의 크기와 형태를 좌우한다. 쌍겹부위와 언더부위에 사용하며 시간, 상황, 장소를 고려하여 컬러를 선택하고, 가장 진하고 강한 색으로 표현한다.

④ **언더 컬러** Under color

눈 밑에 선적인 느낌으로 깨끗하게 펴 바른다. 베이스 컬러 또는 포인트 컬러와 동일한 색으로 바르며, 눈의 형태, 취향에 따라 생략 및 강조가 가능하다.

⑤ **하이라이트 컬러** Highlight color

아이섀도 컬러 중 가장 밝은 색으로 돌출되어 보이고자 하는 부위에 사용한다. 눈썹뼈 부분이나 눈동자 중앙 위치에 사용하여 입체감을 준다.

(4) 아이섀도 컬러 선택

① 메이크업 분위기 연출에 맞추어 컬러를 선택한다.

② 의상과 조화를 이루는 컬러를 선택한다.

③ 각 계절 분위기와 컬러가 가지고 있는 이미지에 어울리는 컬러를 선택한다.

- **봄** : 명도와 채도가 높은 색상 옐로우, 그린, 핑크 등
- **여름** : 명도가 높은 색상 블루, 화이트 등
- **가을** : 명도와 채도가 낮은 색상 골드, 브라운, 카키 등
- **겨울** : 선명하고 짙은 색상 화이트, 블루, 와인 등

– **핑크 계열** Pink : 흰 피부에 잘 어울리며 사랑스럽고 귀엽다. 눈두덩이 살이 많으면 자칫 눈이 부어 보일 수 있다.

* 립 색상 : 핑크, 와인계열

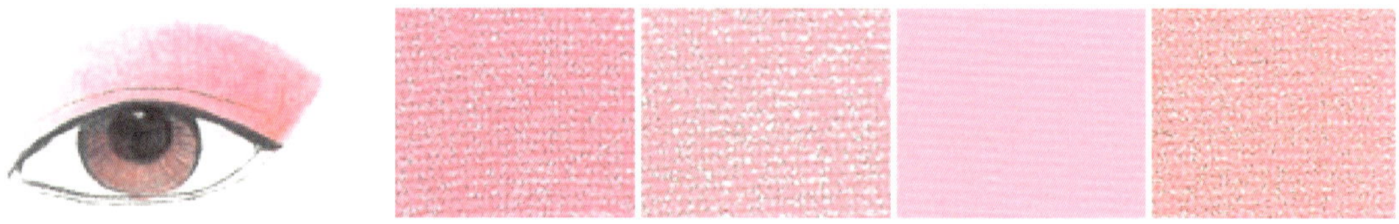

– **브라운 계열** Brown : 모든 피부에 잘 어울리며 자연스럽고 차분하다. 입체감을 살리는데 많이 사용한다.

* 립 색상 : 브라운, 베이지, 레드, 와인, 오렌지 등

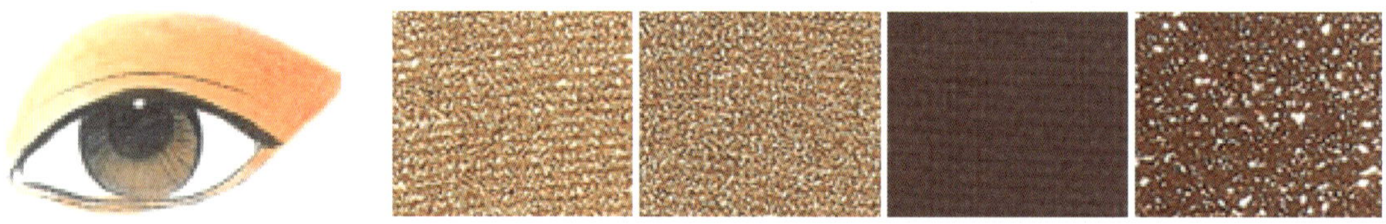

– **블루 계열** Blue : 시원한 느낌으로 Summer 메이크업에 잘 어울리며 눈을 가장 또렷하게 보이게 한다. 전체적으로 사용하기 보다는 부분적 포인트 컬러로 사용한다.

*립 색상 : 연 핑크, 베이지

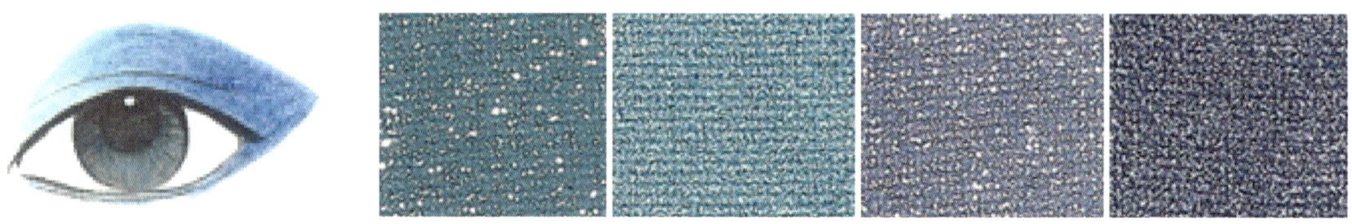

– **바이올렛 계열** Violet : 고급스럽고 우아하며 신비롭다. 파티 메이크업, 여성적인 이미지에 어울린다.

*립 색상 : 와인계열

– **그린 계열** Green : 발랄한 느낌으로 생동감을 준다. 봄 메이크업, 다갈색 계열의 피부에 어울린다.

*립 색상 : 브라운, 베이지

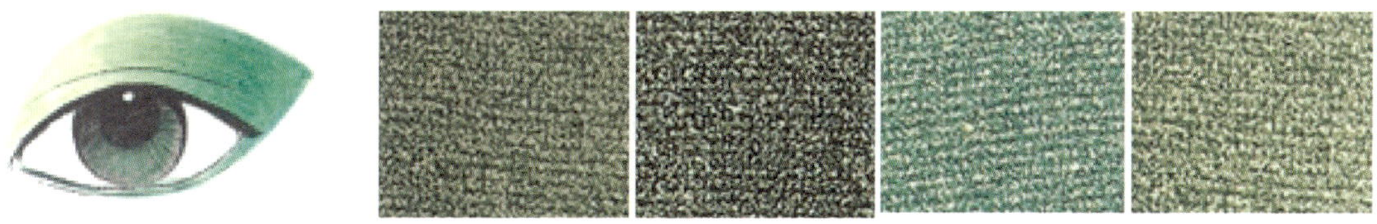

– **그레이 계열** Gray : 차분하고 지적이며 흰 피부에 잘 어울린다. 겨울메이크업, 스모키메이크업 표현에 좋다

*립 색상 : 핑크, 와인

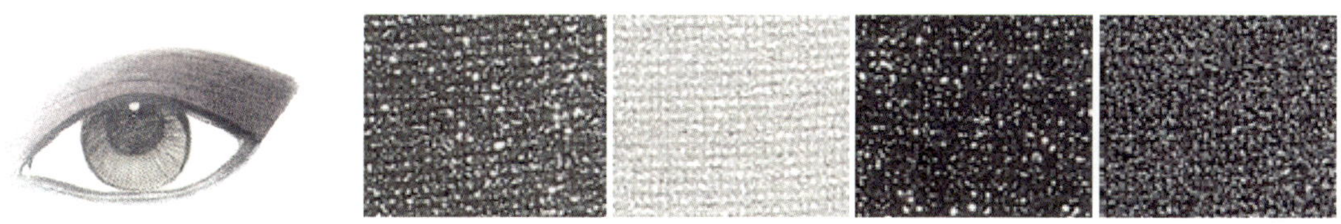

(5) 아이섀도 기본 패턴

아이섀도 터치 방법으로 크게 가로패턴, 세로패턴, 사선패턴이 있다.

- **가로패턴** : 위로 가면서 그라데이션되어 연해진다.
  수평 그라데이션으로 일반적인 형태이다.
- **세로패턴** : 눈 뒷부분으로 가면서 그라데이션 되어 끝 부분이 포인트가 되어 짙어진다.

① 가로 프레임

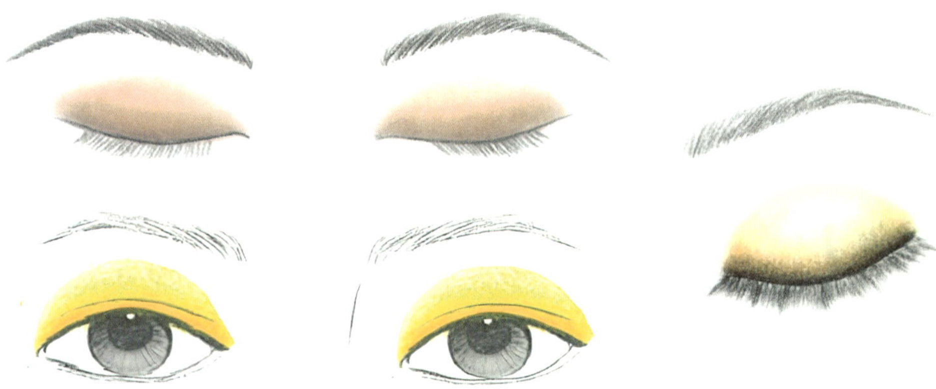

② 세로 프레임

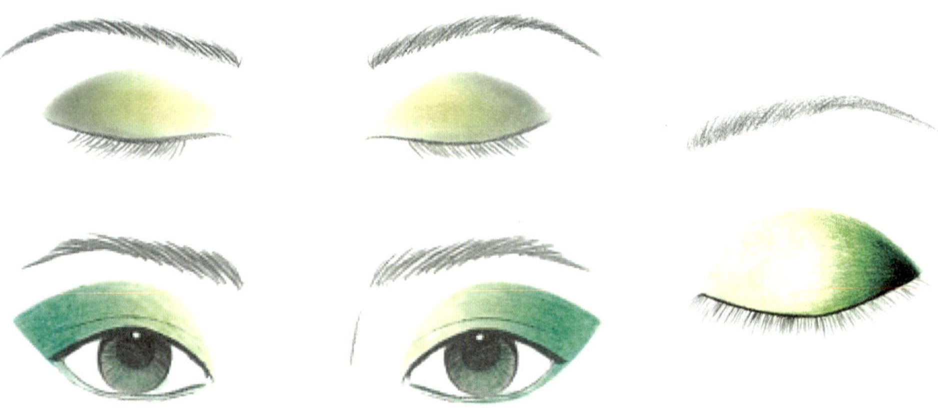

(6) 아이섀도 눈 형태 수정

눈썹과 눈 사이가 좁거나 푹 꺼진 눈 : 펄이 있는 베이스를 아이홀 부분까지만 바른다.

눈썹과 눈 사이가 넓고, 튀어나온 눈 : 광택이 없는 매트한 타입의 베이스를, 눈썹 뼈 부분까지 넓게 바른다.

① 작은 눈

- 밝은 색상의 아이섀도를 아이홀 부분에 바르고 포인트 컬러를 눈 뒤쪽으로 수평이 되도록 길게 넣어 뒤쪽을 더 강하게 표현한다.
- 아이라인도 수평적인 느낌으로 뒤쪽까지 길게 그리고, 윗 라인과 아래 언더라인이 만나지 않도록 한다. 서로 만나게 되면 눈이 작아 보인다.
- 인조 속눈썹은 중간과 눈 끝쪽이 강조되는 속눈썹을 사용하면 눈을 강조할 수 있다.

② 눈꼬리가 처진 눈

- 포인트 컬러를 눈꼬리 부분이 올라가 보이도록 꼬리쪽을 높게 바른다. 아이섀도색상은 밝고 부드러운 것보다는 산뜻하고 차가운 느낌이 드는 한색을 선택한다.
- 아이라이너는 눈 앞머리보다 뒤쪽을 더 두껍고 강하게 그려주고 2/3 지점에서부터 아이라인을 올려 그린다. 눈 아래 언더라인도 위 라인과 연결시키면서 살짝 치켜 올린다.
- 인조 속눈썹은 눈꼬리 부분이 올라가 보이도록 약간 위에 부착한다.

③ 눈꼬리가 올라간 눈

- 포인트 컬러는 눈 앞머리가 눈꼬리보다 높아 보이도록 약간 높거나 수평이 되도록 펴 바르며 눈매를 강조하지 않도록 한다. 아이섀도 색상은 따뜻한 느낌의 컬러를 선택한다.
- 아이라이너는 앞머리 쪽을 좀 더 두껍고 눈꼬리는 얇게 그린다.
- 인조 속눈썹은 끝쪽이 길어지기 보다는 일정한 길이의 인조 속눈썹을 부착한다.

④ 미간이 좁은 눈

- 눈 앞머리는 밝은 색상으로 표현하고 눈 뒤쪽을 강조한다.
- 아이라이너는 눈꼬리 쪽을 또렷하게 그려 강조한다.
- 인조 속눈썹은 눈꼬리 쪽이 길어지도록 부착한다.

⑤ 미간이 먼 눈

- 포인트 컬러가 눈 앞머리를 완전히 감싸도록 그린다.
- 아이라이너는 수평의 느낌으로 그리면서 앞머리 부분이 또렷해 보이도록 그린다.
- 인조 속눈썹은 앞머리부터 일정하게 표현되도록 부착한다.

⑥ 쌍꺼풀이 없는 눈

- 눈이 부어 보일 수 있으므로 아이섀도 선택 시 붉은 계열은 피하는 게 좋다.
- 눈썹 뼈 아래에 하이라이트를 줘서 눈썹과 눈 사이가 멀어 보이지 않도록 한다.
- 아이라이너는 굵게 그려주거나, 눈을 떴을 때 아이섀도가 2~3mm 정도 보이도록 바른다.
- 인조 속눈썹은 눈매의 깊이감을 줄 수 있다.

3. 아이라이너 Eyeliner

① 눈매를 보다 선명하고 뚜렷하게 연출하는 포인트 역할을 한다.
② 라인을 그리는 방법에 따라 눈 모양의 수정효과가 있다.
③ 속눈썹이 길고 풍성해 보여 마스카라의 효과를 상승시킨다.

(1) 종류

① 펜슬 타입 Pencil type

쉽게 그려지고 편리하기 때문에 초보자가 자연스러운 메이크업 시 용이하며, 수정하기 편리하고 그라데이션이 가능하나 크리미해서 지속력이 떨어진다. 속눈썹 사이를 메울 때 사용하며, 내추럴 한 연출에 적합하다.

② 리퀴드 타입 Liquid type

액상 타입으로 섬세한 라인 연출이 가능하고 번짐이 없다. 하지만 수정이 어렵고 강하게 표현될 수 있어 부자연스러워 보일 수 있다. 쉽게 번지는 눈에 사용하기 좋고, 섬세한 라인 연출 테크닉이 필요하다.

③ 붓 펜 타입 Pen type

액상 타입으로 가는 붓이 브러시 끝에 달려 있어 사용이 편리하고 펜슬 타입보다 지속력이 좋고 번짐이 없다. 색상이 진하고 광택이 없어 자연스럽게 연출할 수 있고, 리퀴드 타입보다 그리기 쉽다.

④ 케이크 타입 Cake type

펜슬과 리퀴드의 중간 느낌으로 리퀴드 타입 보다는 지속력이 떨어지고, 펜슬 타입 보다는 지속력이 좋다. 가는 아이라이너 브러시에 물이나 스킨을 섞어 사용한다. 번들거림은 없지만 쉽게 번질 수 있고, 물의 양에 따라 농도 조절이 가능하다.

⑤ 젤 타입 Gel type

크림 타입으로 촉촉하고 크리미해서 발림성이 좋다. 브러시를 사용하여 아이라인을 그리고, 건조가 되면 쉽게 번지거나 잘 지워지지 않아 지속력이 좋다. 케이크 타입보다 사용이 편리하지만 잘 굳는 단점이 있어 사용 후 반드시 뚜껑을 닫아야 한다. 지속력을 높이기 위해 리퀴드 타입과 섞어서 사용할 수 있고, 가장 보편적으로 많이 사용한다. 광택이 없어서 자연스럽게 표현된다.

(2) 아이라이너 그리는 방법

① 시선은 아래를 향하도록 한다.

② 윗 눈꺼풀의 점막이 보이지 않도록 속눈썹 사이사이를 메우면서 그린다.

③ 속눈썹 뿌리 사이를 메워주듯이 빈틈없이 얇게 바르며 점막위에 바로 그린다.

④ 눈 앞머리에서 중앙으로, 중앙에서 바깥쪽으로 그린다.

⑤ 언더라인은 눈꼬리에서 중앙으로 그리며 펜슬 타입을 주로 사용한다.

(3) 눈 모양에 따른 아이라이너

① 눈 사이가 넓은 경우

펜슬이나 젤 아이라이너로 눈 앞쪽 트임을 1mm만 바깥쪽으로 뺀다.

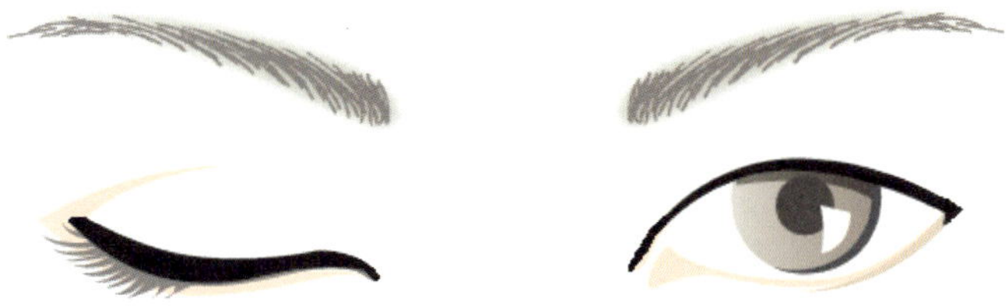

② 눈 사이가 좁은 경우

언더라인을 눈 밑 전체에 그리지 말고 끝부분 1/3 정도만 빼서 눈꼬리를 위쪽 라인과 만나도록 연결해서 뒤쪽을 강조한다.

③ 튀어나온 눈

블랙이나 짙은 색상의 언더라인을 그린 후 같은 계열의 아이섀도로 그라데이션 한다. 점막 부분을 위아래로 연결해 주면 튀어나온 눈에 깊이감이 생긴다.

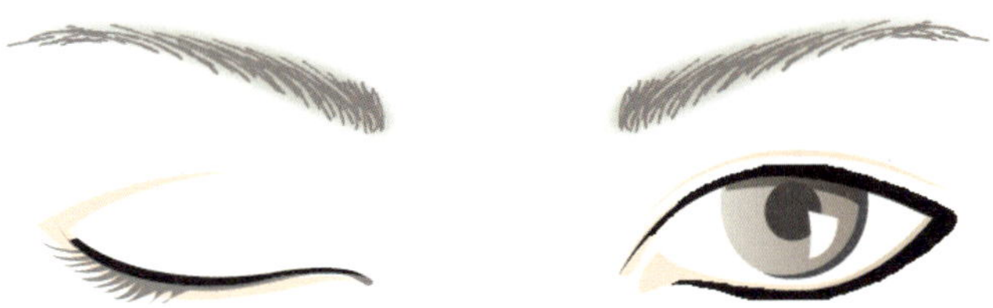

④ 쌍꺼풀 눈

속눈썹 가까이 눈매를 따라 가늘게 그린다.

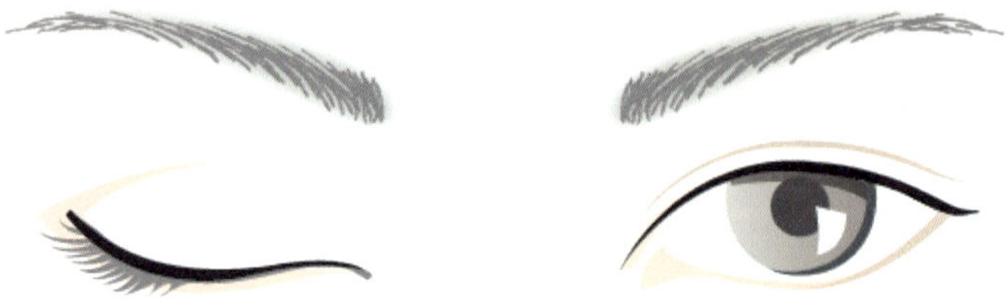

⑤ 홑꺼풀 눈

눈을 떴을 때 아이라인이 보이도록 두껍게 그린다.

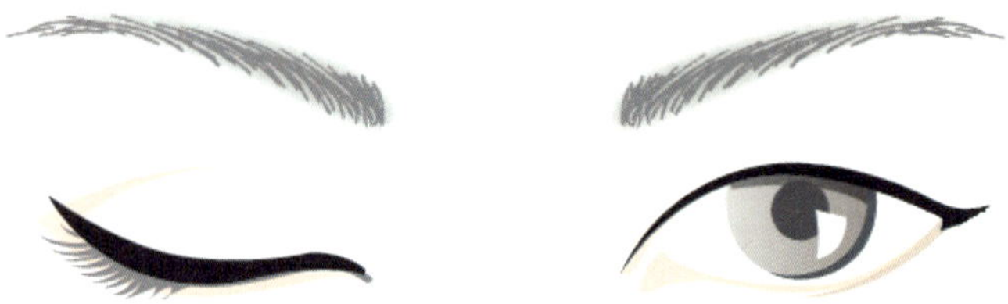

⑥ 처진 눈

눈매를 따라 그리다가 눈꼬리 부분에서 치켜 올리듯이 짙게 그린다.

⑦ 올라간 눈

눈꼬리 부분을 아래로 내려 그려주고, 언더라인은 눈꼬리 부분을 짙게 해주어 앞머리와 수평이 되게 그린다.

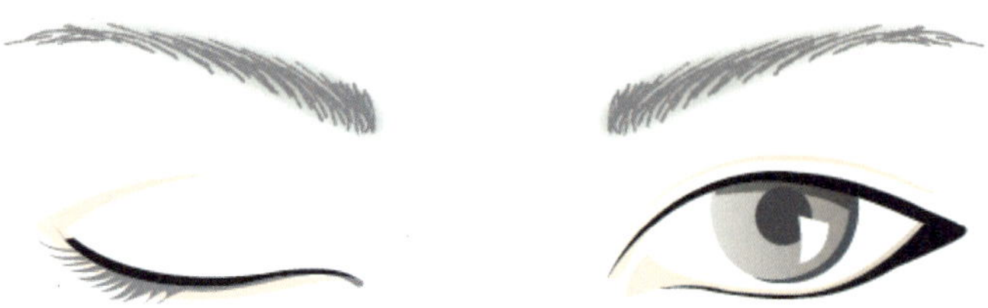

⑧ 작은 눈

아이라인과 언더라인 모두 강조하고 꼬리 부분을 연결하지 않도록 한다.

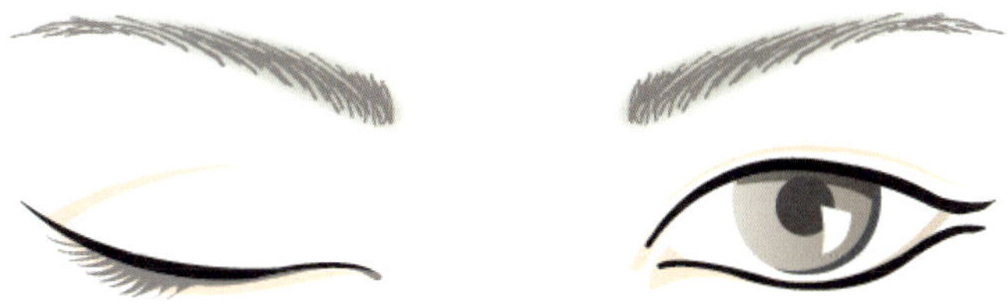

4. 마스카라 Mascara

① 눈을 크게 보이게 하며 눈매를 깊이 있게 연출한다.

② 속눈썹을 길고 진하게 하여 풍성하게 표현한다.

(1) 종류

① 컬링 마스카라 Curling mascara

대중적인 제품으로 속눈썹을 선명하게 해주는 액상타입으로 브러시가 길고 촘촘 하여 아래로 처진 속눈썹을 힘 있게 올려주고 컬링을 장시간 지속시켜 준다. 속눈썹이 직모거나 눈이 작은 사람이 사용하면 좋다.

② 볼륨 마스카라 Volume mascara

브러시가 촘촘하고 굵어서 듬성듬성한 속눈썹에 두껍게 발라져 깊이 있고 풍성하게 만들어 숱이 많아 보이게 함으로써 또렷한 눈매를 만든다. 속눈썹이 빈약한 경우 사용하면 좋다.

③ 롱래쉬 마스카라 Longlash mascara

섬유소, 실리콘 합성물, 식물성 왁스 등을 이용하여 섬유질이 속눈썹 끝에 붙어 실제보다 속눈썹이 자연스럽게 길어 보이는 효과를 준다. 속눈썹이 짧은 경우 사용하면 좋다.

④ 워터프루프 마스카라 Waterproof mascara

건조가 빠르고 내수성이 좋아 땀이나 물에 잘 지워지지 않는 타입으로 여름철에 사용하기 적합하다. 지울 때는 워터프루프 마스카라 전용 아이리무버를 사용하는 것이 효과적이다. 눈 주위가 쉽게 번지는 사람이 사용하면 좋다.

⑤ **베이스 마스카라** Base mascara

마스카라를 바르기 전에 사용하는 기능성 마스카라로 속눈썹을 코팅해 마스카라의 밀착력을 높여주어 컬링과 볼륨 효과를 오래 유지하는데 도움을 준다. 마스카라를 바르기 전에 사용한다.

(2) 마스카라 바르는 방법

① 시선을 아래를 향하도록 한다.

② 아이래쉬 컬러 Eyelash curler를 이용하여 속눈썹의 가장 안쪽에 힘을 주어 컬을 만들어 주고, 속눈썹 끝으로 오면서 힘을 빼주며 위로 올린다. 속눈썹의 뿌리, 중간, 끝의 순으로 집어주며 컬을 만들고, 컬이 잘 생기지 않으면 고무패킹에 드라이어로 열을 가해서 사용할 수 있다.

③ 시선이 아래로 간 상태에서 위쪽에서 좌우로 지그재그 움직이며 빗어내듯이 바른다.

④ 속눈썹 아래쪽에서 가장 안쪽에 대고 양옆으로 지그재그 움직여 주며 바깥쪽으로 빗어내듯이 바른다.

⑤ 다시 한 번 콕콕 찍듯이 앞뒤로 튕겨주고 바깥쪽으로 빗어내듯이 한 번 더 바른다.

⑥ 눈 아래 속눈썹은 속눈썹 안쪽에 갖다 댄 다음 양옆으로 살짝 움직이며 슬슬 위로 튕겨주고 브러시 끝을 세워서 마무리한다.

마스카라 사용 시 Check Point

- 마스카라를 바른 후 아이래쉬 컬러를 사용하면 마스카라의 점성 때문에 속눈썹이 뭉치거나 빠질 수 있다. 그래서 대신 검지 손가락을 구부려 속눈썹 뿌리에 가까이 대고 20초 정도 받쳐 올려주면 체온 덕분에 컬링 효과를 볼 수 있다.
- 눈 밑 번짐 마스카라 가루, 번진 아이라인은 면봉에 에센스나 로션을 묻혀 부드럽게 닦아낸 후 리퀴드 컨실러를 살짝 두드려 커버해 준다.

(3) 인조 속눈썹 False Eyelashes

● 기능

① 속눈썹을 길고 짙게 보이게 하여 깊이 있는 눈매를 만들어 주기 때문에, 쌍꺼풀이 없거나 속눈썹이 짧을 경우 사용하면 효과적이다.

② 다양한 종류의 속눈썹을 이용해 원하는 이미지로 연출할 수 있다.

● 인조 속눈썹 붙이는 방법

① 인조 속눈썹은 먼저 아이래쉬 컬러로 컬링 해 놓는다.

② 아이라이너로 속눈썹 사이를 메운다.

③ 속눈썹을 아이래쉬 컬러로 컬링 한 다음 마스카라를 바른다.

④ 인조 속눈썹에 접착제를 바른 후 약간 마르려고 할 때 접착력이 가장 좋기 때문에 10초 정도 기다렸다가 마르기 전에 붙인다.

⑤ 인조 속눈썹을 부착한 후 마스카라를 사용하여 인조 속눈썹과 속눈썹을 붙여주어 어색해 보이지 않고 풍성해 보이도록 한다.

⑥ 사용 후 인조 속눈썹은 재사용이 가능하기 때문에 접착제를 완전히 떼어놓고 형태를 보존할 수 있도록 케이스에 다시 넣어서 보관한다.

● 인조 속눈썹 특징

① 낱개 속눈썹

- 쌍꺼풀이 너무 진하거나 속 쌍꺼풀인 경우 사용하는 것이 좋다.
- 가닥가닥 나눠져 하나씩 붙이도록 되어있어 자연스러운 눈매 연출이 쉽다.
- 속눈썹의 길이가 다양하기 때문에 눈썹 모양에 따라 선택하는 것이 좋고, 인조 속눈썹은 본인의 속눈썹보다 1~2mm 긴 것을 선택 하도록 한다.
- 케이스를 한 손에 잡고 핀셋으로 떼어내고 속눈썹 끝에 접착제를 바른다.
- 핀셋으로 속눈썹을 수평이 되게 잡고 그대로 속눈썹 사이에 넣는다.
- 눈을 내리뜬 상태에서 눈꼬리, 가운데, 눈 앞머리 순으로 붙인다.
- 인조 속눈썹은 한쪽에 8~12개 정도가 적당하며, 간격이 일정하도록 한다.

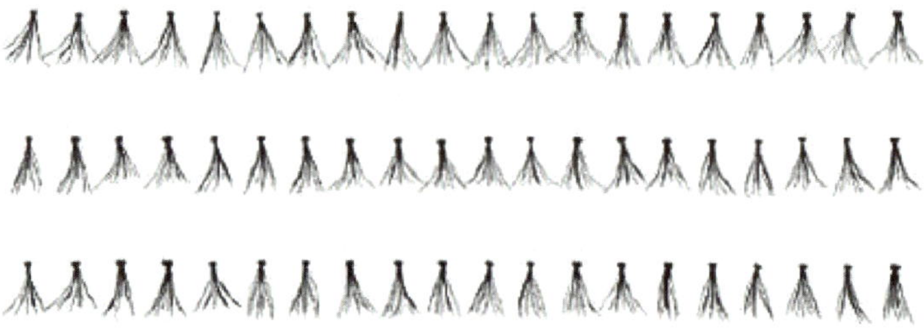

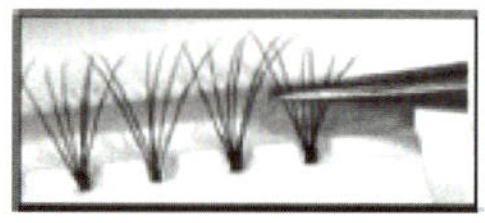

② 한 개로 연결된 속눈썹

- 전체적으로 연결되어 모양이 만들어져 있기 때문에 사용이 간편하다.
- 속눈썹을 눈의 길이에 맞추어 자르고 붙인다.
- 눈 앞머리는 3mm정도 여유를 주고 뒤쪽으로 붙인다.
- 마스카라를 한 후 아이라이너로 인조 속눈썹을 붙인 부분을 다시 한번 그리고 마무리한다.

인조 속눈썹 사용 시 *Check Point*

- 눈이 짧은 경우 인조 속눈썹을 뒤쪽에만 길게 붙여도 눈이 길어 보인다.
- 인조 속눈썹을 제거할 때는 바로 떼어버리면 피부에 자극을 주기 때문에 아이리무버를 화장 솜에 충분히 적셔서 눈 위에 올리고 10초 정도 지난 후 닦아내면 자연스럽게 인조 속눈썹을 제거할 수 있다.
- 사용한 속눈썹을 재 사용하고자 할 때는 접착제를 손으로 완전히 떼어 내고 인조 속눈썹에 묻어있는 마스카라를 면봉에 아이리무버를 묻혀 닦아 케이스에 넣어 보관한다.

5. 립 Lip

① 입술 두께 및 입술 모양을 수정 보완하여 얼굴 균형을 맞춘다.

② 색상을 이용하여 음영을 강조해 입체감을 주고 혈색을 부여한다.

③ 입술의 건조함을 막아주고, 외부자극으로부터 입술을 보호한다.

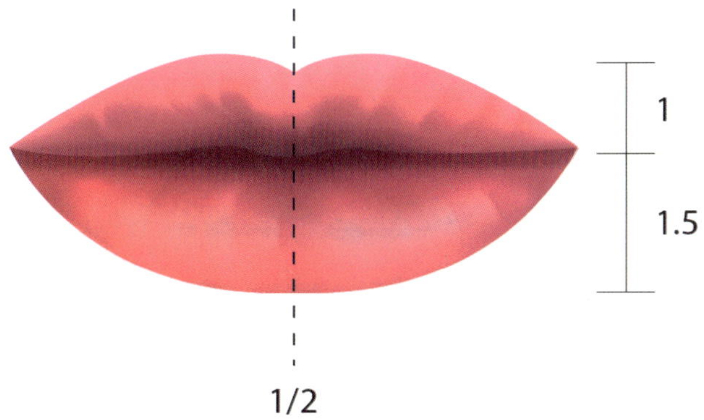

(1) 종류

① 립스틱 Lip Stick

가장 대중적이며 사용이 편리하다. 색상과 질감이 다양하여 입술에 변화를 주어 원하는 이미지 연출에 효과적이다.

② 립글로스 Lip Gloss

입술을 보호하고 입술에 윤기와 광택을 준다. 자연스럽게 연출하기 좋고, 립스틱의 색을 맑게 표현하지만, 지속력이 약하고 쉽게 번지는 단점이 있다.

③ 립라이너 Lip Liner

펜슬 형태로 입술의 윤곽 표현이나 형태 수정 시 사용하여 자신이 원하는 입술 모양을 그릴 수 있다. 지속력이 강하고 번짐이 없어 입술 선을 깔끔하고 또렷하게 연출한다. 입술의 음영효과Shading는 립스틱보다 1~2단계 어두운 색을 사용하고, 선명하게 표현할 때는 립스틱과 비슷한 색을 사용한다. 립스틱 바르기 전 립라이너를 사용해 입술 라인을 선명하게 한다.

④ 립 틴트 Lip Tint

지속력이 오래가고 선명하여 원하는 색상을 오랜 시간 유지시킬 수 있으며 자연스럽게 물든 붉은 입술 색으로 연출해 준다. 하지만 입술이 건조해 질 수 있기 때문에 립글로스와 함께 사용하면 좋다.

⑤ **립 밤** Lip

외부 환경으로부터 입술을 보호하는 역할을 하며 촉촉한 입술로 표현해 준다. 보습 성분이 들어있어 건조한 입술에 효과적이다. 입술 보호 목적이 더 강하고, SPF가 함유된 제품들도 있다.

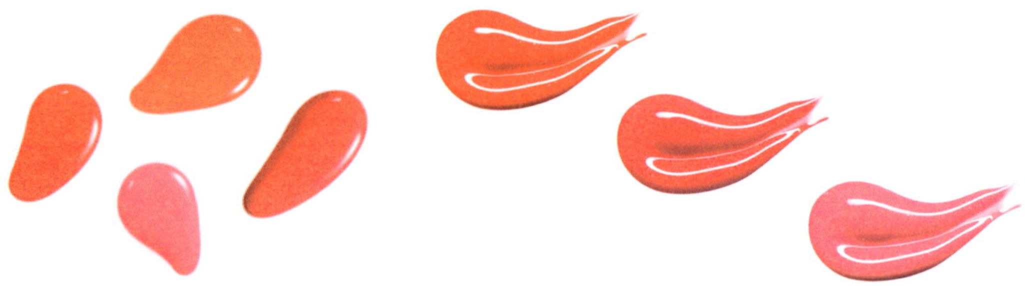

(2) 색상 선택방법

① 전체적인 이미지와 조화를 이루도록 한다. 피부색, 머리색, 아이섀도 색상, 블러셔 색상, 의상 색 등

② 밝은 피부는 밝은 색상의 립 컬러, 어두운 피부는 어두운 계통의 립 컬러를 선택하는 것이 좋다.

립스틱 컬러

① **레드**Red **계열** : 정열적이며 매혹적인 컬러로 화려하고 세련된 이미지 연출에 적합하며, 피부색에 구애 받지 않는다.

② **오렌지**Orange **계열** : 건강하고 활동적인 이미지로 어두운 피부와 밝은 피부에 잘 어울린다. 오렌지색은 립글로스나 옅은 브라운 계열의 립스틱과 섞어 연하게 바르면 세련되어 보인다.

③ **브라운**Brown **계열** : 차분하고 점잖은 이미지로 성숙하고 세련되어 보인다. 자연스러우며, 피부색이 어두운 경우 주로 사용한다.

④ **퍼플Purpie 계열** : 고혹적인 컬러로 로맨틱하고 우아한 이미지 연출에 적합하다. 블루, 자주 퍼플계를 바르면 차분하고 우아한 이미지를, 블랙느낌의 어두운 퍼플계열은 성숙한 이미지를 준다.

⑤ **핑크Pink 계열** : 귀엽고 청순하며 가장 여성스러운 이미지로 밝은 피부에 잘 어울린다.

(3) 립 메이크업 방법

① 파운데이션으로 본래의 입술 색과 입술라인을 커버하고, 립스틱 색상과 같은 계열의 립 펜슬을 이용하여 입술 산을 그린다.

② 입술산 길이만큼 아랫입술 중앙에도 라인을 그린다.

③ 입술산에서 구각쪽으로 좌우를 연결하고, 아랫입술 중앙선에서 구각쪽으로 이어지도록 좌우를 연결하여 그린다.

④ 립스틱을 입술이 수평이 되도록 한 뒤 립라인 경계를 그라데이션 하며 구각까지 세밀하게 입술 전체에 펴 바른다.

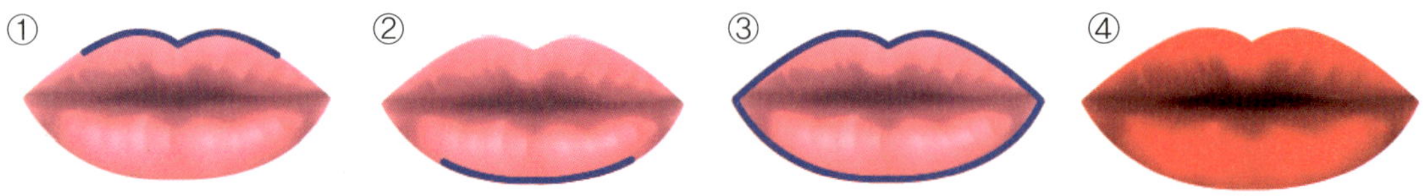

● 입술 선에 따른 이미지

① 직선형 Straight curve

- 활동적이고 현대적인 느낌으로 지적인 이미지를 준다.
- 립 라인을 직선으로 표현한다. 단정한 옷을 입을 때 어울리는 모양이다.

② 인커브 In curve

- 귀엽고 어린 이미지, 여성스러운 이미지를 준다.
- 안쪽을 향한 입술 형태로 귀엽고, 발랄한 느낌을 준다. 입술이 크고 두꺼운 사람, 볼에 살이 많은 사람이 사용하면 덜 통통해 보이는데 도움이 된다.
- 원래 입술라인보다 1~2mm 정도 안쪽으로 그린다.

③ 아웃커브 Out curve

- 바깥쪽을 향한 입술 형태로 부드럽고 원만하며 여성스럽고 섹시한 느낌을 준다.
- 원래 입술라인보다 1~2mm 정도 바깥쪽으로 그려주고, 립글로스를 덧 바르게 되면 입술이 더 두터워 보인다.

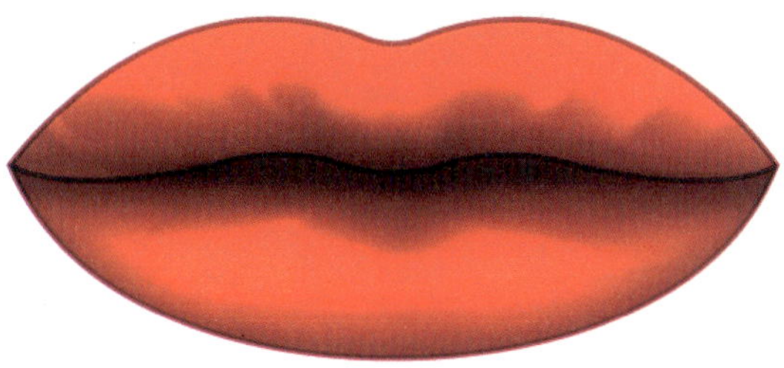

● 입술형에 따른 수정 방법

- 윗입술과 아랫입술은 1:1.5 비율이 가장 이상적이다.
- 입술산을 기준으로 좌우대칭이 되도록 그린다.
- 파운데이션과 컨실러를 이용하여 원래 입술선을 감춰지도록 한다.
- 입술라인 수정 시 1~2mm 이상을 늘이거나 줄이지 않는다.
- 입술산이 높을수록 입술은 좁아 보인다.

① 얇은 입술

- 파운데이션과 파우더를 이용하여 원래 입술선이 보이지 않도록 교정한다.
- 원래 입술선보다 1~2mm 정도 크게 그린다.
- 밝은 색의 립 컬러나 립글로스를 바른다. 펄이 있는 색상, 파스텔 계열을 바르는 것이 두터워 보인다. 어두운 색상은 축소되어 보이기 때문에 피하도록 한다.

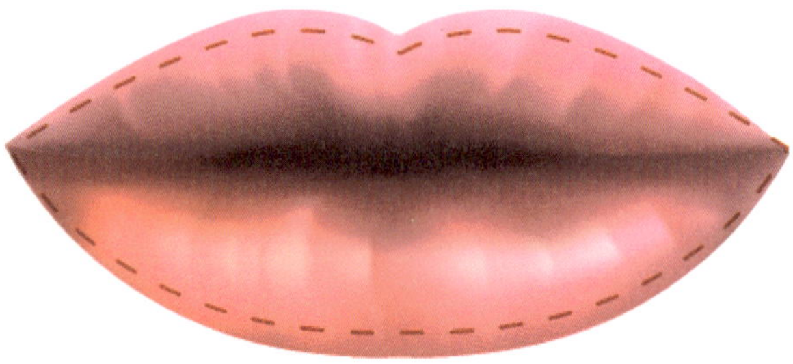

② 두꺼운 입술

- 파운데이션과 파우더를 이용하여 원래 입술선이 보이지 않도록 교정한다.
- 립라이너로 원래 입술선보다 1~2mm 정도 안쪽으로 그린다.
- 너무 밝거나 펄감이 있는 립 색상은 피하고 진한 색상이나 어두운 색상의 립 컬러를 발라 축소되어 보이도록 한다.

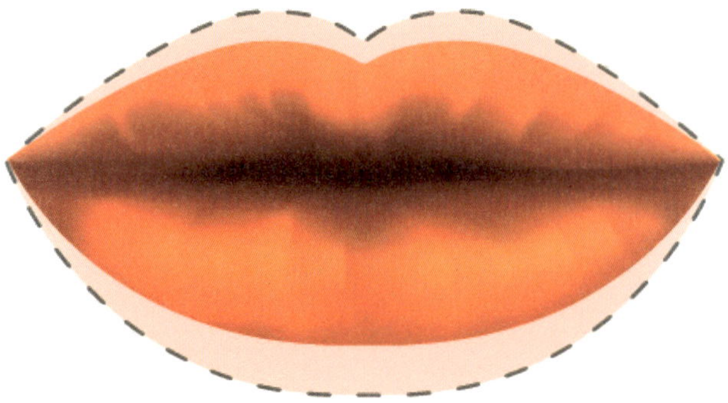

③ 작은 입술

- 입술 길이가 짧기 때문에 길이가 좌우대칭 되게 1~2mm 정도 밖으로 그린다.
- 입술산을 강조시키고 펄이나 연한 색상을 사용한다.

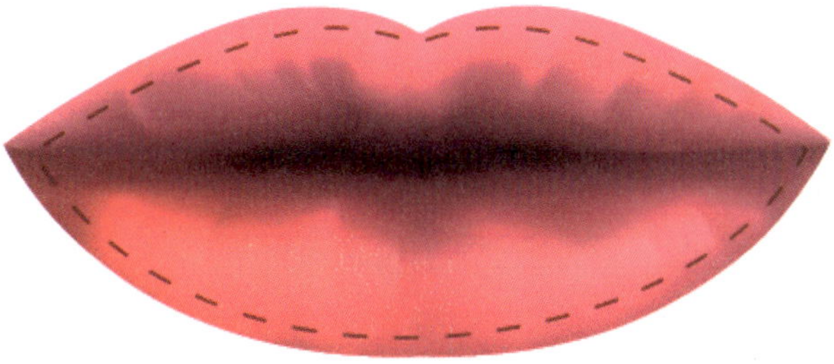

④ 입 꼬리가 처진 입술

- 파운데이션으로 구각부분에 색을 채워 교정한다.
- 구각을 1~2mm 정도 위로 올려 그리고 윗입술은 곡선을 이루도록 그린다.
- 구각을 너무 올려 아랫입술과 부자연스럽지 않도록 주의한다.

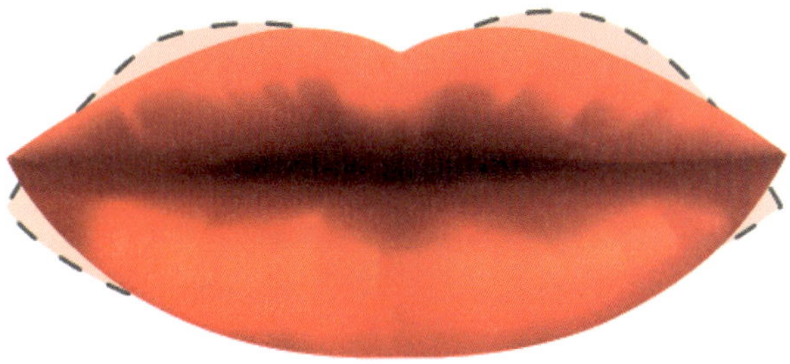

⑤ 큰 입술

- 입술이 작아 보이도록 짙은 색상의 립스틱을 바른다.
- 자신의 입술 모양보다 1~2mm 정도 안쪽으로 그린다.

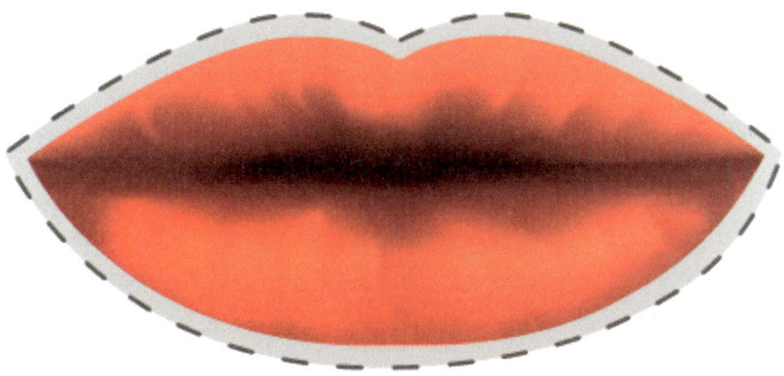

⑥ 윗입술이 두꺼운 경우

- 윗입술의 원래 입술선보다 1~2mm 정도 작게 그린다.
- 동일색상의 립스틱을 바르면서 아랫입술은 윗입술보다 조금 밝게 바른다.

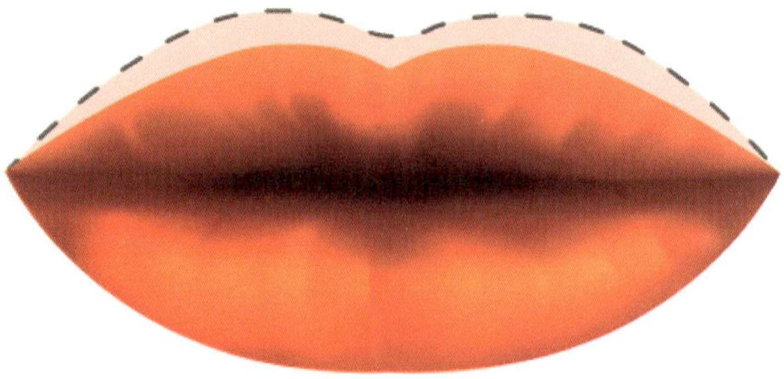

⑦ 윤곽이 분명하지 않은 입술

- 립스틱 색상보다 약간 짙은 색상으로 입술라인을 그린다.
- 립라이너 펜슬로 입술산을 강조해서 그린다.
- 더 선명한 입술을 원한다면 립스틱을 바른 후 화이트 펜슬 또는 화이트 섀도우를 이용하여 입술 라인 위를 가볍게 그려 그라데이션 한다.

⑧ 위아래 입술 크기가 다른 입술 위 : 아래 = 1 : 1.5 비율 기준

두 가지 톤의 유사한 컬러 립스틱을 활용하여 밝은 톤을 얇은 부분에, 어두운 톤을 도톰한 부분에 바른다.

● 입술의 질감

① 크림 타입 Cream type

립스틱 질감 표현으로 가장 일반적이다. 선명한 발색으로 강한 색을 선호할 때 사용한다.

② 매트 타입 Matte type

광택이 없고 건조한 질감으로 립스틱을 바른 후 티슈로 눌러 주거나 파우더를 덧바른다. 립라이너나 매트 타입의 립스틱으로도 효과를 낼 수 있다. 가죽의상 등 캐주얼 의상에 잘 어울린다.

③ 쉬어 타입 Sheer type

촉촉하고 윤기나는 질감으로 립글로스처럼 촉촉하고 수분이 많이 함유된 립스틱에서 효과를 낼 수 있다. 바르는 것보다 색이 훨씬 가볍게 표현되어 부드럽고 여성스러운 이미지를 준다.

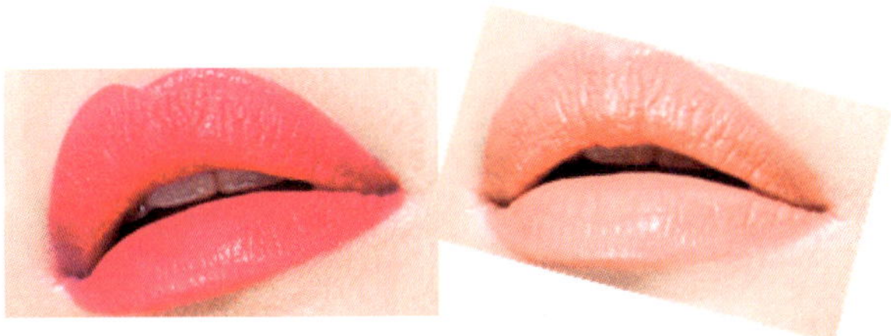

④ 쉬머 타입 Shimmer type

펄 성분이 함유된 제품으로, 촉촉하고 관능적인 광택을 준다. 주름이 많은 입술에 사용하면 효과적이다.

6. 블러셔 Blusher

- 혈색을 부여하여 여성스럽고 건강미를 돋보이게 한다.
- 블러셔 표현 방법에 따라 다양한 이미지 연출이 가능하다.
- 얼굴형에 어울리는 블러셔 표현으로 얼굴형의 수정 효과를 준다.

(1) 종류

① 케이크 타입 Cake type

가장 대중적인 제품으로 브러시를 이용하여 바른다. 색감 표현이 가장 자연스러워서 초보자도 쉽게 사용할 수 있으며, 혈색을 내거나 윤곽 수정 등에도 다양하게 사용된다.

② 크림 타입 Cream type

파운데이션을 바른 후 파우더를 바르기 전에 손가락이나 스펀지를 이용하여 두드리면서 부드럽게 그라데이션 하며 바른 후 파우더를 그 위에 바르면 발색과 지속력을 높인다. 글로시한 피부표현에 주로 사용되며 자연스러운 혈색과 윤곽 수정에 용이하다.

(2) 색상 선택방법

- 블러셔는 피부색과 같은 계열이 좋다.
  - 피부가 차가운 핑크계열 : 핑크, 연한 브라운
  - 피부가 따뜻한 황색계열 : 연한 오렌지, 산호색
- 립 색상 및 아이섀도 색상에 맞춘다.
- 산뜻한 느낌이 들고 건강한 혈색이 표현되는 것을 선택한다.

① 핑크 Pink

- 귀엽고 여성스러운 이미지다.
- 혈색이 없고, 투명하고 흰 피부에 잘 어울린다.
- 홍조가 있는 붉은 피부는 차가운 보라 톤의 라벤더 핑크컬러를 선택한다.

② 오렌지 Orange

- 활발하고 건강한 이미지다.
- 피치색은 노르스름한 피부에 잘 어울린다.
- 홍조가 있으면 옐로우 빛이 도는 베이지, 페일 피치를 사용한다.

③ 브라운 Brown

- 피부톤이 어두운 피부에 가장 잘 어울린다.
- 홍조가 있는 피부에도 잘 어울린다.
- 차분한 혈색을 부여해 지적인 이미지를 주기 때문에 둥글게 바르기보다는 광대뼈를 감싸듯 사선으로 바른다.

(3) 블러셔 메이크업 방법

● 블러셔 기본위치

① 정면을 바라보고 눈동자 중심에서 수직으로 내린 선과 콧망울에서 귀를 향해 수평으로 놓인 선이 만나는 부분이다.

※ 블러셔는 귀밑 머리에서 시작하여 콧망울과 귀를 향한 수평선 밑으로 처지지 않게 터치한다.

② 미소를 지어보도록 한 후, 두 뺨의 가장 돌출된 부분에 원을 그리며 그라데이션 한다. 애플 치크 Apple cheek

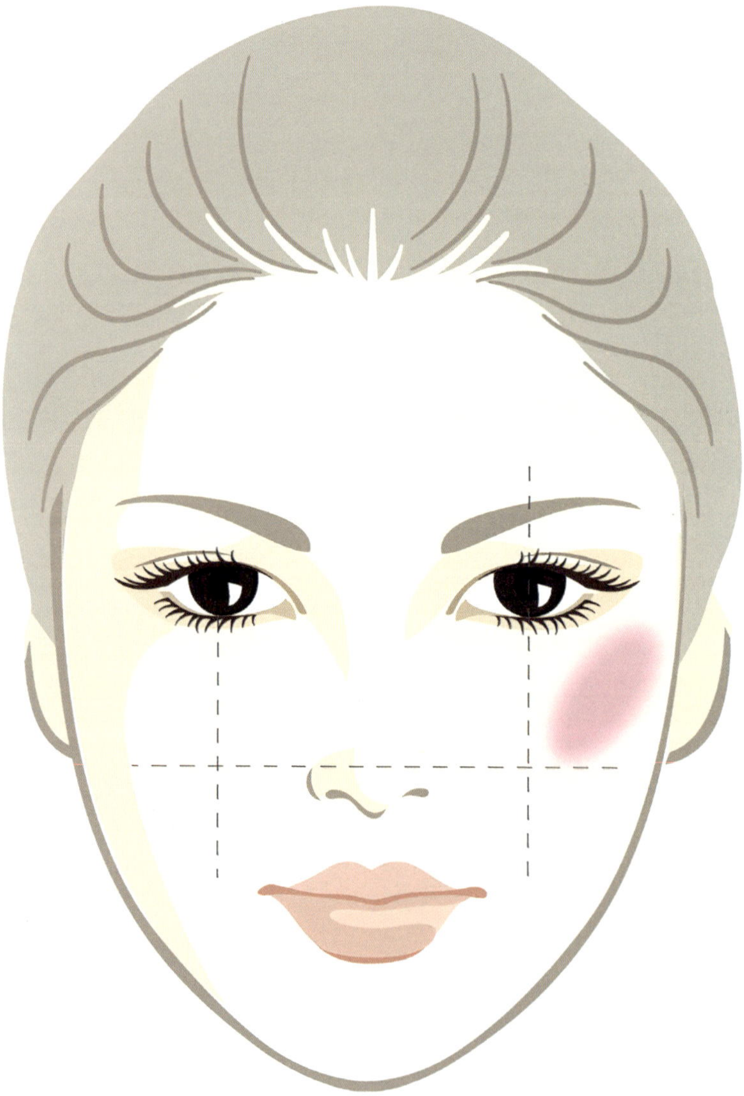

● 이미지에 따른 블러셔

① 귀여운 이미지 : 볼 중앙에 좁은 면적으로 둥글게 표현한다.

② 세련되고 지적인 이미지 : 광대뼈 위쪽은 밝은 색으로 하이라이트를 주고, 아래쪽은 약간 어두운 색으로 광대뼈를 감싸듯 사선으로 표현한다.

③ 생기 발랄하고 활동적인 이미지 : 광대뼈 아래 부분에 어두운 색으로 선적인 느낌이 강하게 표현한다.

④ 여성스러운 이미지 : 볼을 중심으로 눈 주위와 관자놀이 쪽으로 연하게 넓게 펴준다.

①

②

③

④

● 얼굴형에 따른 블러셔

① **둥근형** : 블러셔의 터치 방향을 입꼬리를 향하여 바른다.

② **사각형** : 블러셔의 터치 방향을 턱끝을 향하여 바른다.

③ **역삼각형** : 블러셔의 터치 방향을 코끝을 향하여 바른다.

④ **긴형** : 눈 앞머리를 향하여 가로의 느낌으로 바른다.

①

②

③

④

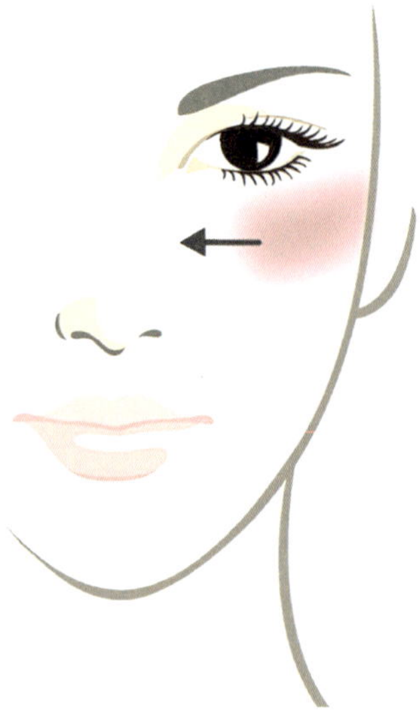

● 블러셔 테크닉

① 브러시에 내용물을 묻혀 한 번 털어 주거나, 손등에서 미리 색상을 조절하여 가볍게 바른다.

② 블러셔는 중심이 되는 부분을 가장 진하게 바른 후 자연스럽게 주위를 그라데이션 시켜주어 경계선이 없도록 한다.

③ 두 가지 이상의 색을 블렌딩 할 수 있다. 돌출부위를 핑크나 피치를 사용하고 주변으로 퍼지는 부분은 은은한 핑크로 그라데이션 한다.

④ 블러셔가 진하게 표현 되었을 경우 파우더 퍼프로 눌러주면 좀 더 엷게 표현된다.

⑤ 이미지와 얼굴형을 고려하여 색상을 선택하고 형태를 잡는다.

⑥ 볼 아래 부분까지 블러셔를 바르면 자칫 나이 들어 보이거나 얼굴이 처져 보일 수 있다.

Chapter 1 얼굴형에 따른 수정 테크닉

Chapter 3

얼굴형에 따른 수정 테크닉

가장 이상적인 얼굴형인 계란형에 맞춰 계란형과 비교했을 때 넓은 부분은 음영을 주어 갸름해 보이도록 하고, 좁은 부위는 하이라이트를 주어 강조되어 보이도록 한다.

1. 계란형

가장 이상적인 얼굴형으로 특별한 수정 보완 없이, 얼굴의 윤곽선을 따라 음영을 주고 돌출된 부위에 하이라이트로 입체감을 준다.

2. 둥근형

둥근형은 귀여워 보이는 이미지로 갸름해 보이도록 하기 위해 양쪽측면에 섀딩을 주고 세로선을 강조하여 하이라이트를 준다.

3. 긴형

얼굴 길이가 긴 얼굴로, 가로의 느낌으로 표현한다. 길어 보이지 않도록 이마 위와 아래 턱에 섀딩을 주고, 하이라이트는 T존 부위를 길어보이게 강조하지 않도록 가로방향으로 짧게 준다.

4. 역삼각형

이마가 넓고 턱이 뾰족한 형으로 뾰족한 턱선 끝 부분에 음영을 주고, 이마 헤어라인이 각진형이 많기 때문에 그 부분도 음영을 준다.

5. 사각형

각이 진 얼굴형으로 부드러움을 강조한다. 길이에 비해 폭이 넓기 때문에, 각진 턱과 이마 끝부분에 음영을 주고, T존 부위에 세로 길이를 강조하여 하이라이트 준다.

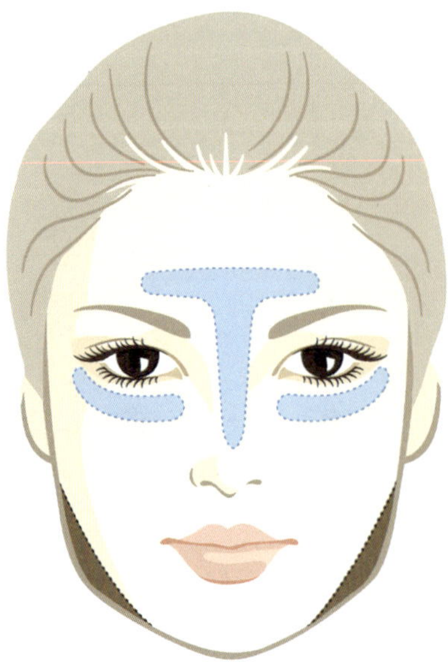

6. 마름모형

광대뼈가 돌출된 형으로 이마가 좁기 때문에 이마 부분을 넓게 하이라이트 주고 튀어나온 광대뼈 부분과 뾰족한 턱끝을 음영처리 하여 부드러워 보이도록 한다.

Chapter 4 Eye Brow Pattern

Chapter 4
Eye Brow Pattern

1. 표준형

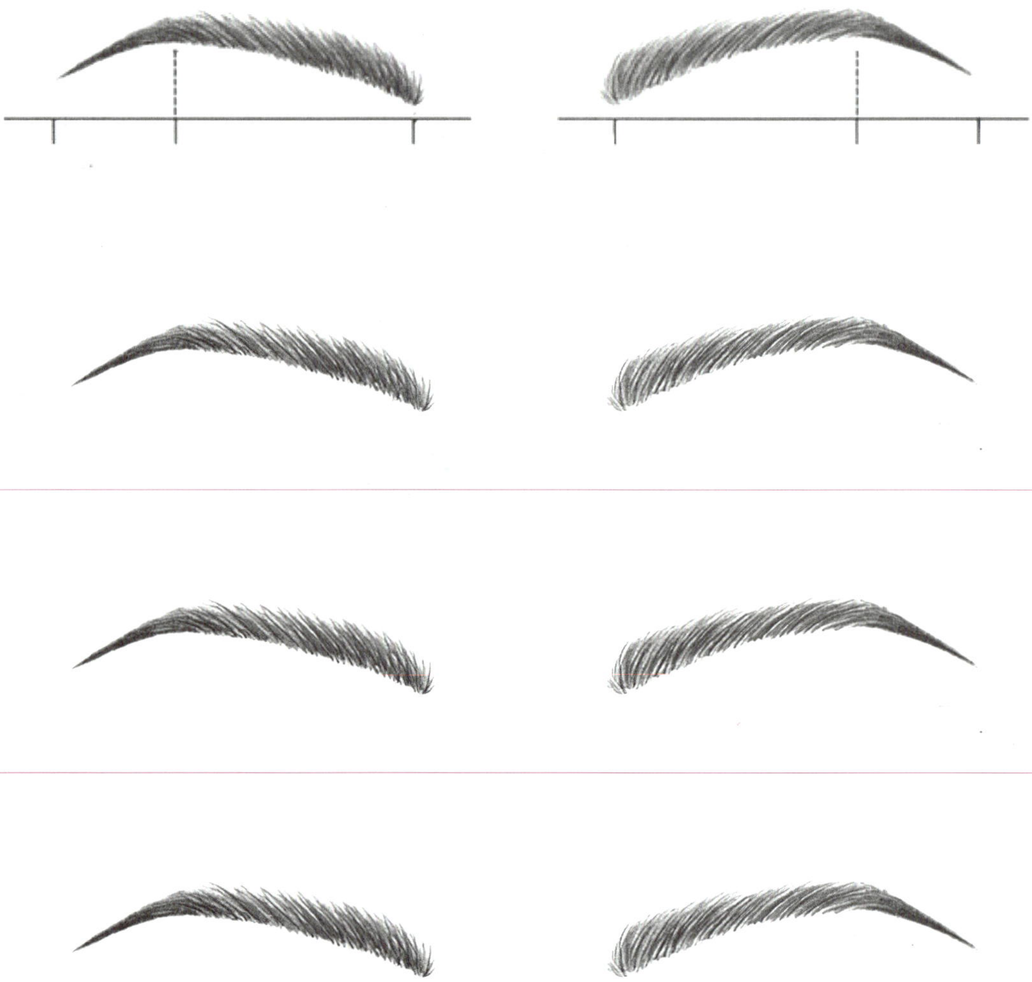

[표준형]

2. 각진형

[각진형]

3. 아치형

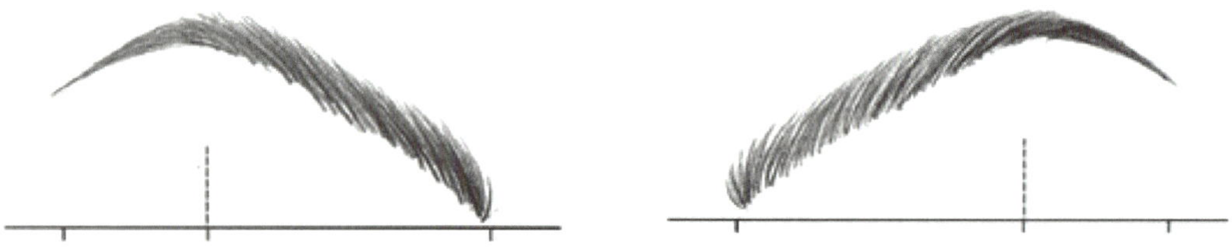

[아치형]

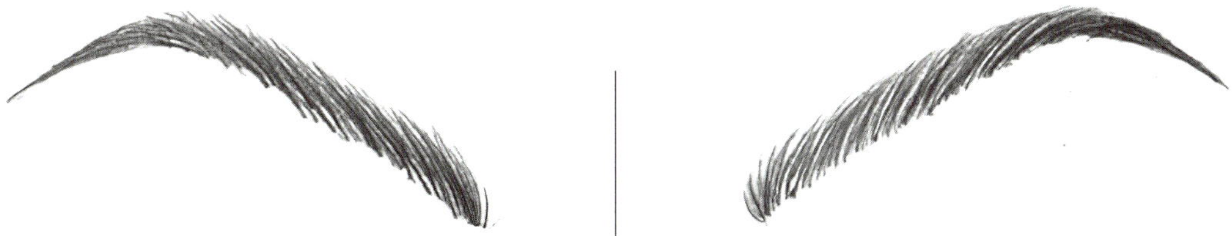

4. 일자형 / 수평형

① 일자형 / 수평형

Chapter 5 Eye Shadow Pattern

Chapter 5

Eye Shadow Pattern

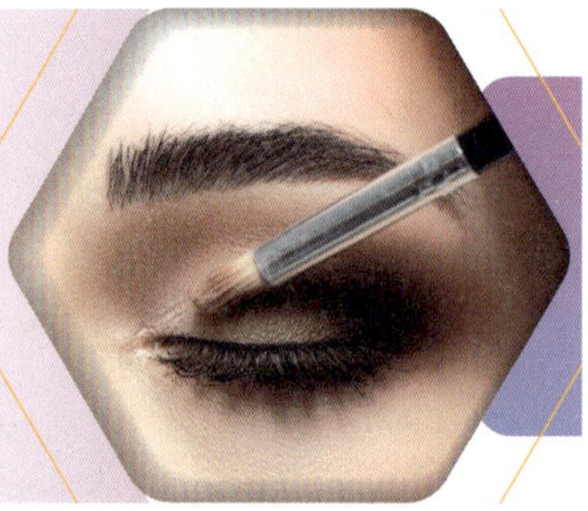

1. 가로프레임과 세로프레임

가로 프레임

세로 프레임

(1) Eye Shadow 가로 프레임

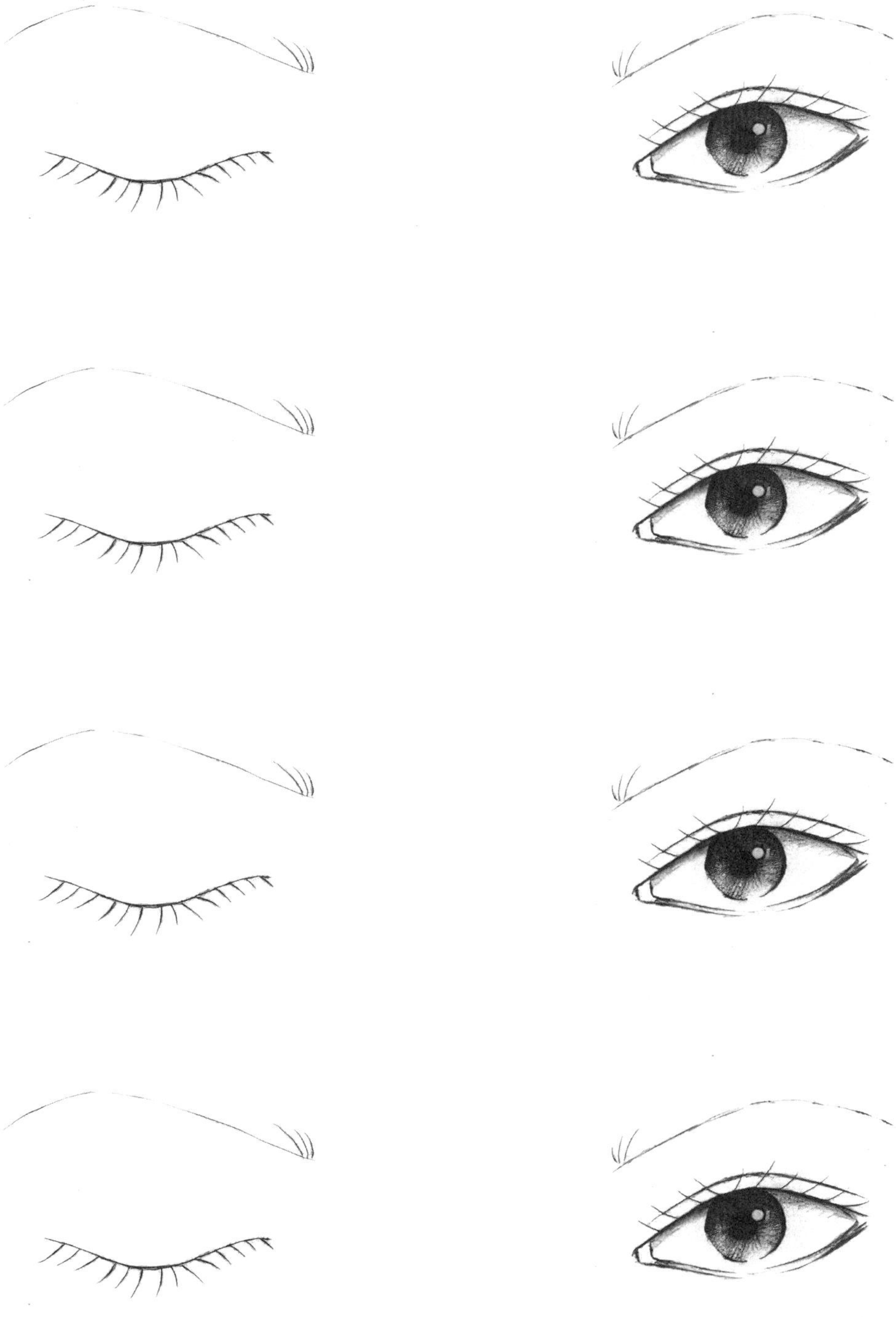

(2) Eye Shadow 세로 프레임

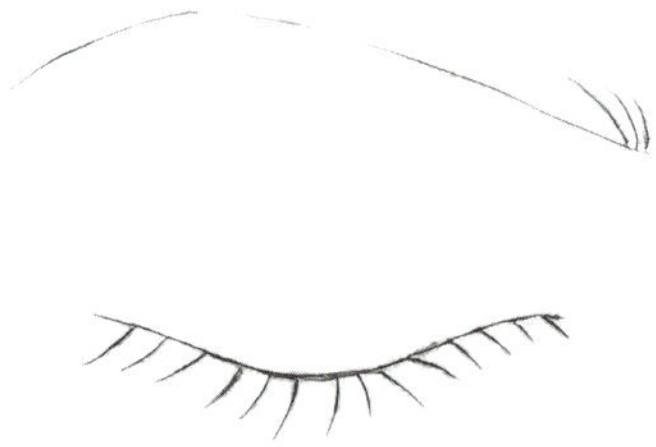

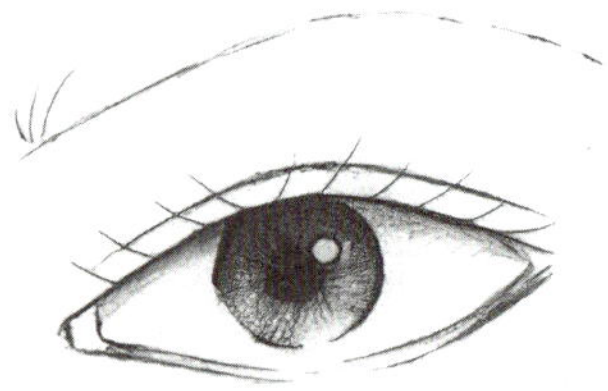

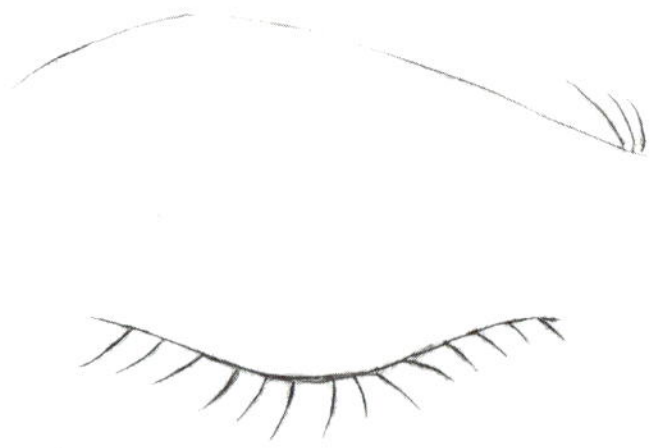

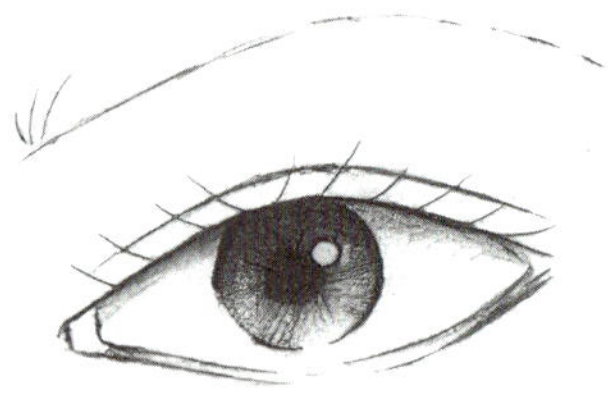

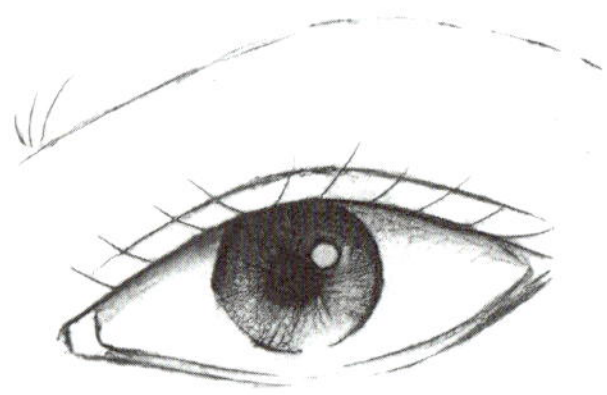

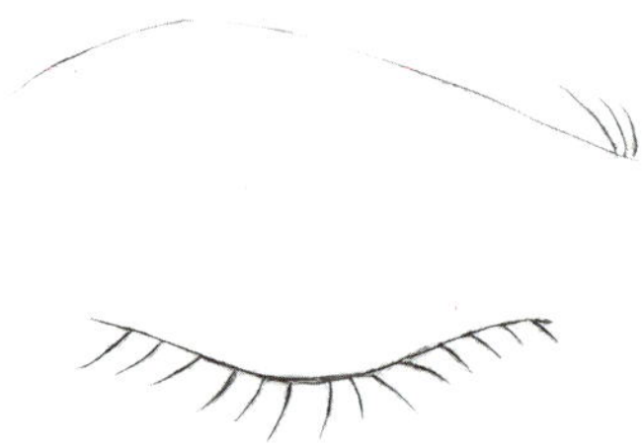

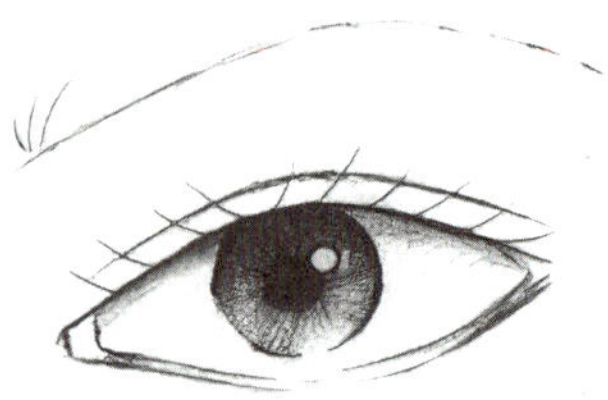

(3) Eye Shadow

① 가로 프레임

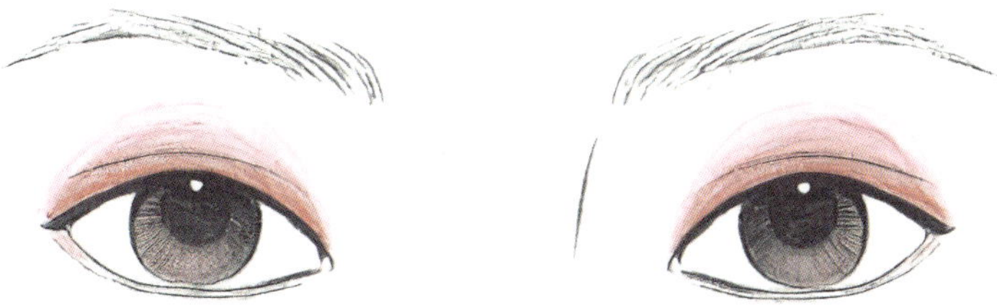

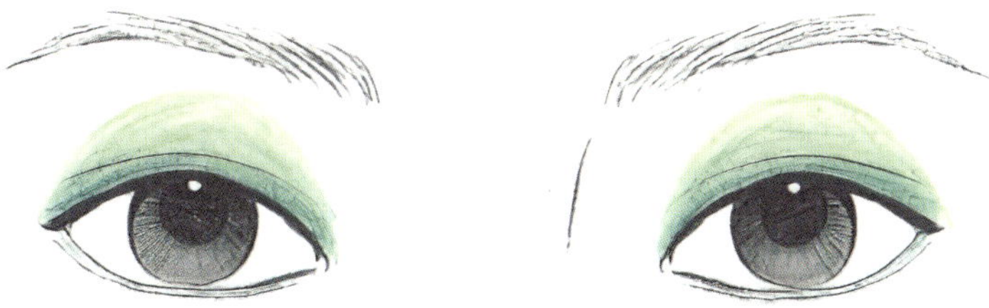

② 세로 프레임

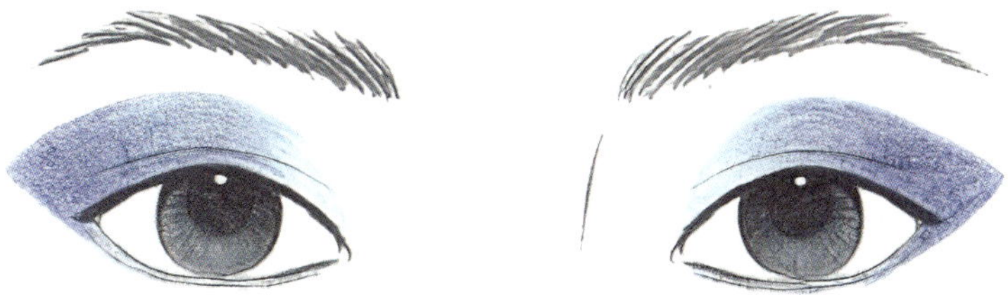

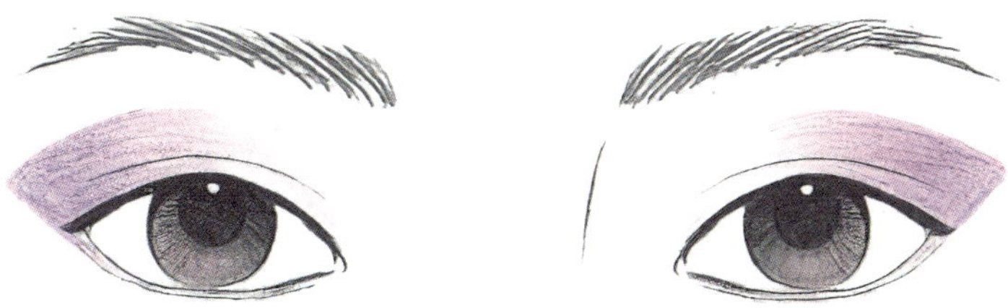

(4) Eye Shadow 가로 프레임

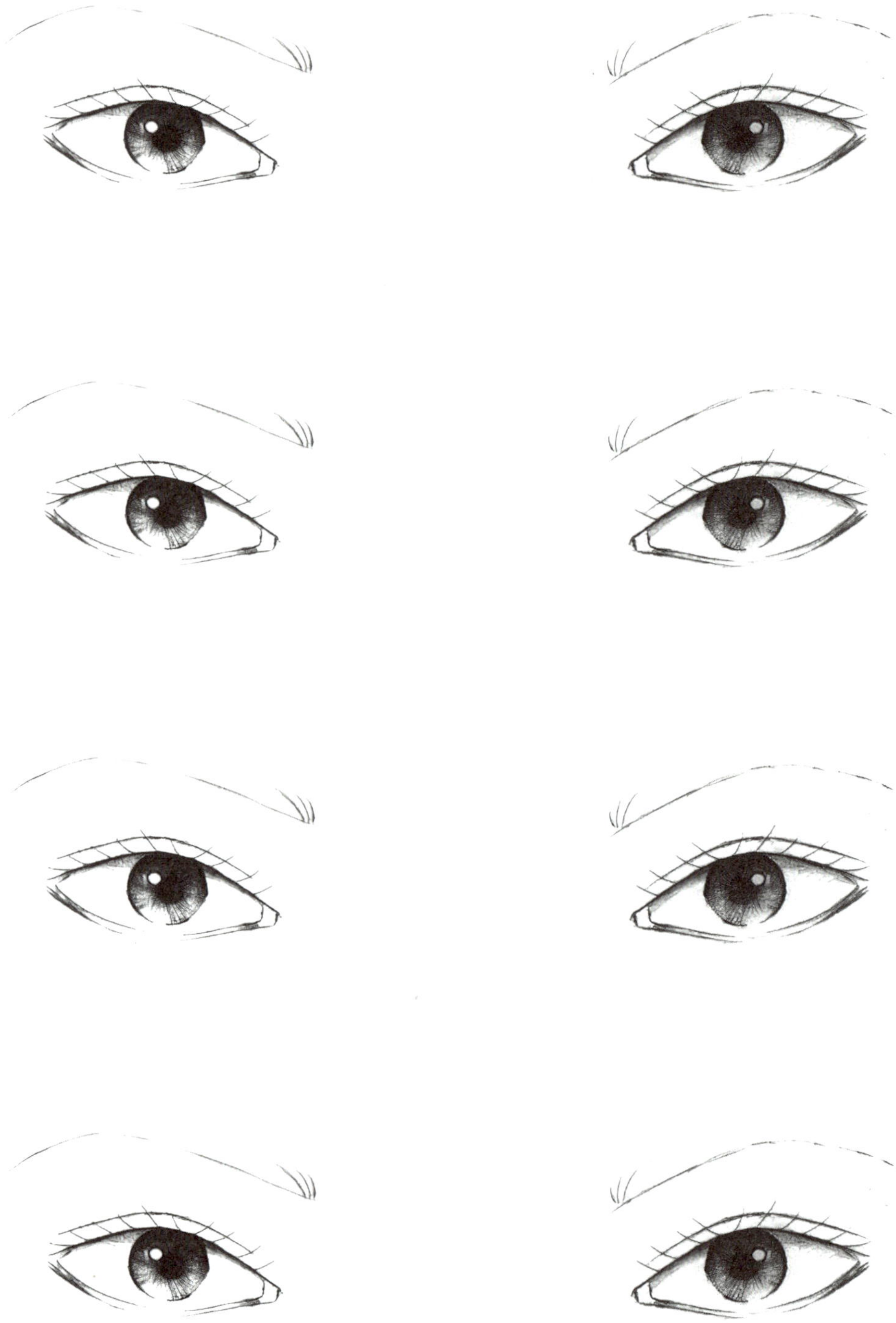

(5) Eye Shadow 세로 프레임

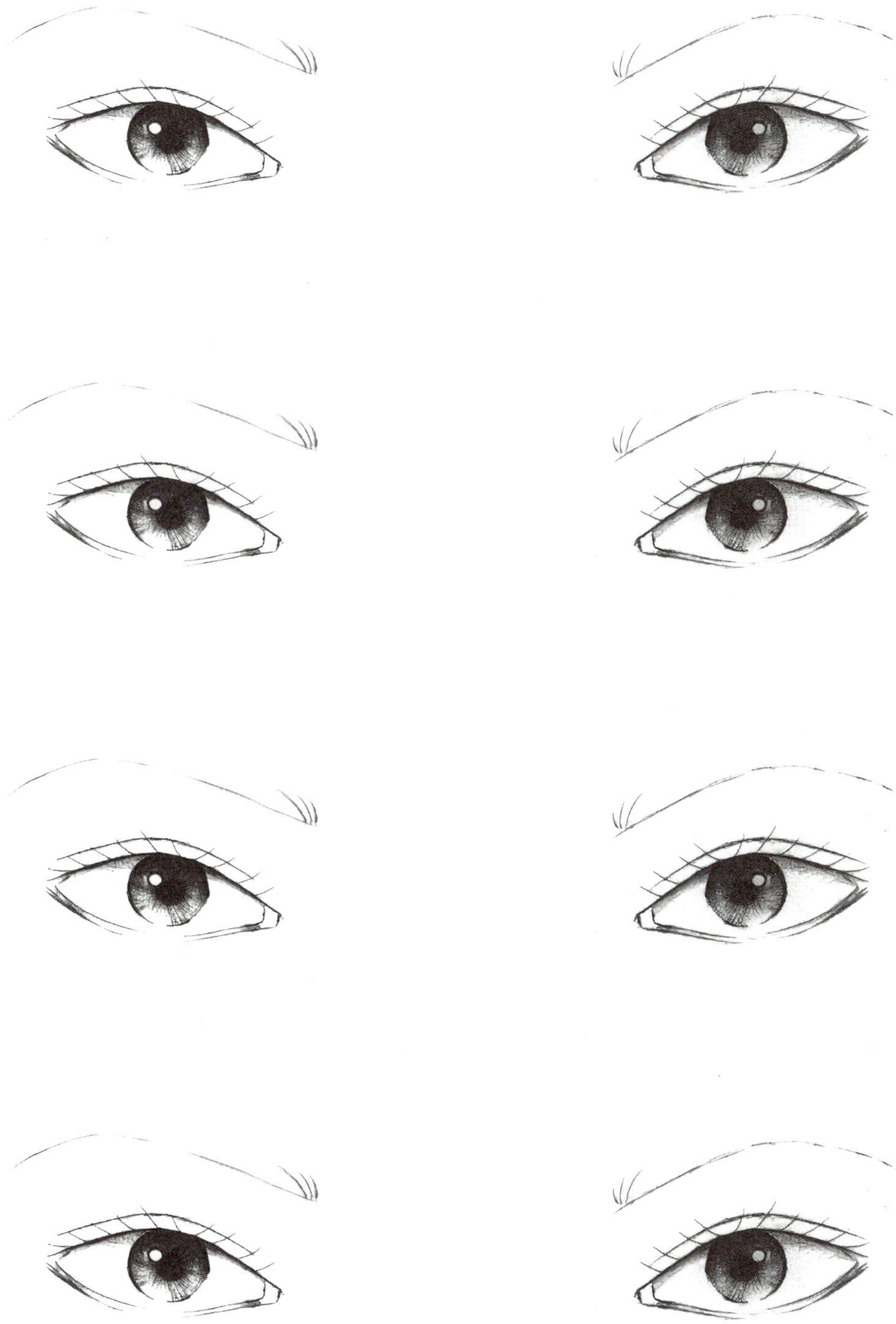

Chapter 6 국가자격증 Pattern

Chapter 6

국가자격증 Pattern

1. 1과제 – 뷰티 메이크업 아이패턴

로맨틱

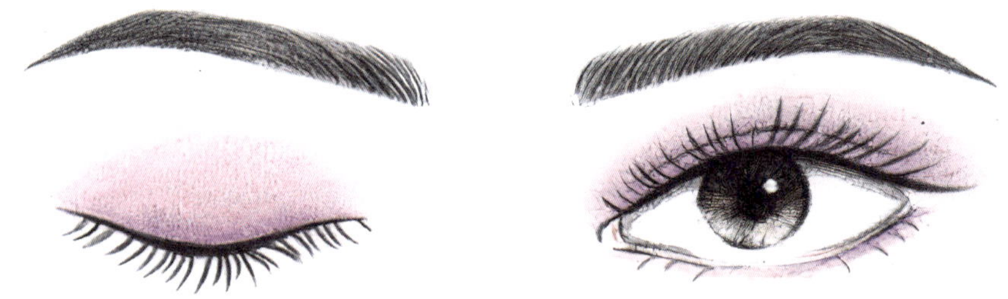

클래식

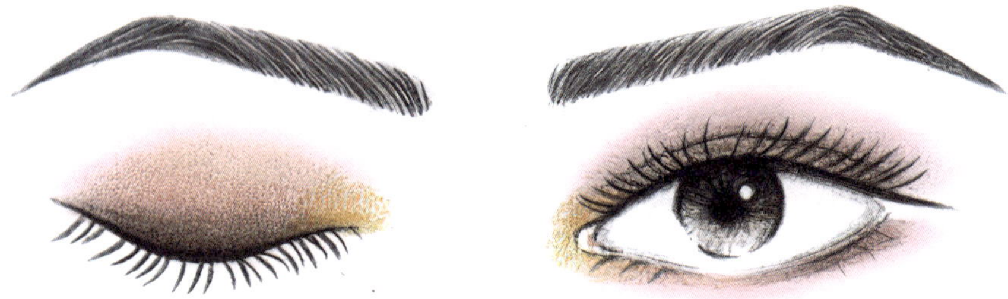

한복

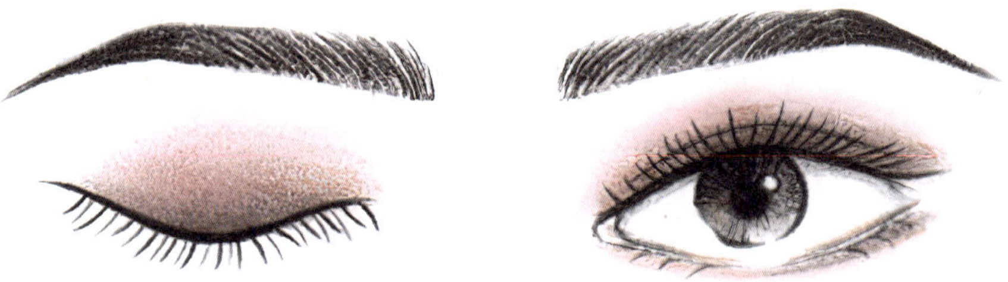

내추럴

로 맨 틱

클 래 식

한 복

내추럴

2. 2과제 – 시대 메이크업아이패턴

그레타 가르보

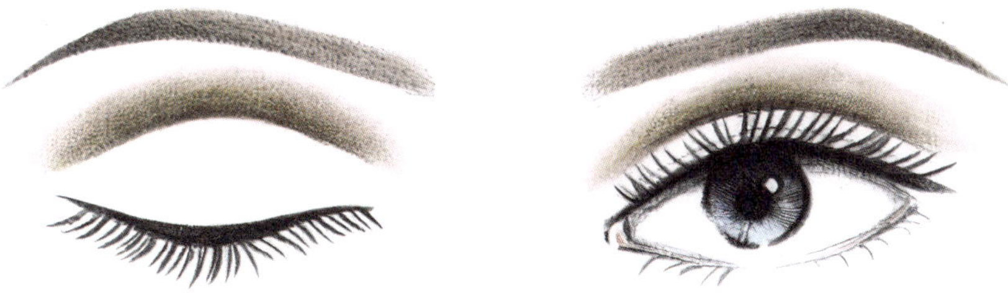

마릴린 먼로

트위기

펑크

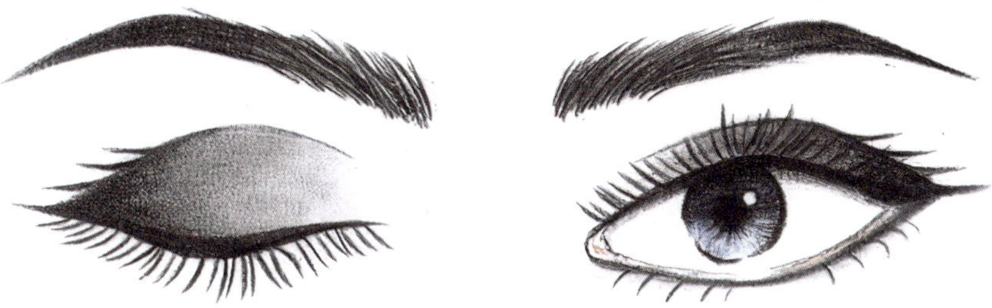

그레타 가르보

마릴린 먼로

트위기

펑크

3. 3과제 – 캐릭터 메이크업 아이패턴

레오 파트

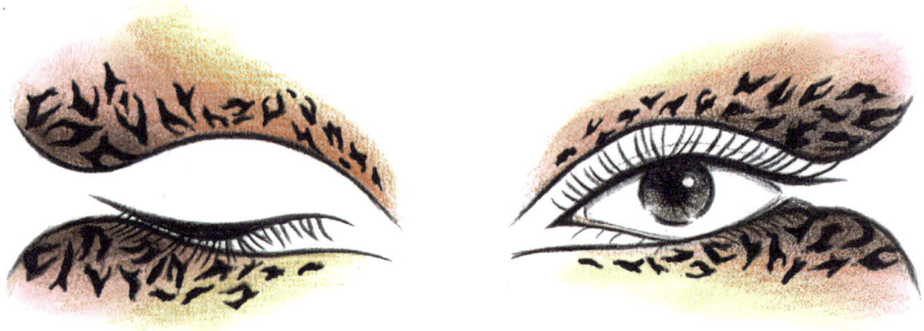

한국 무용

발레

레오파트

한국 무용

발레

4. 디자인 실습

(1) 패턴연습 1

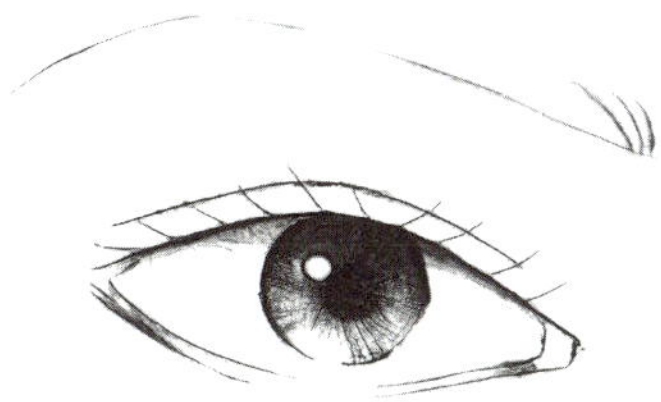
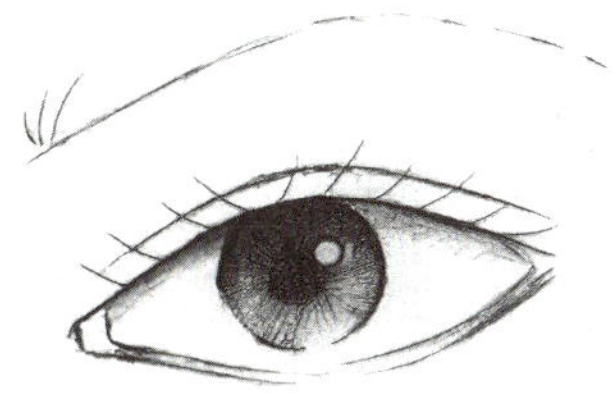
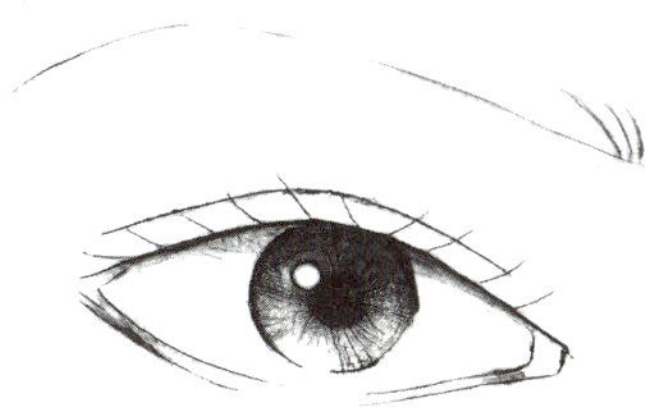
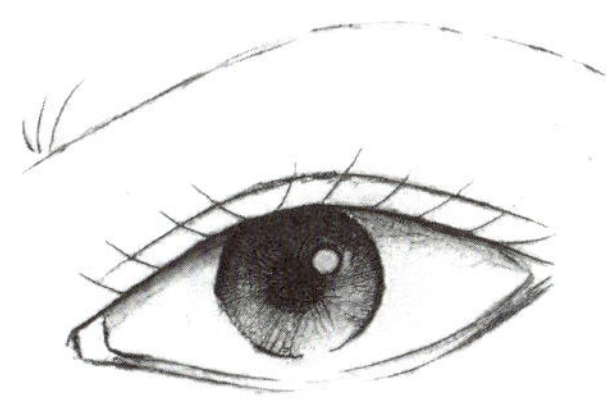
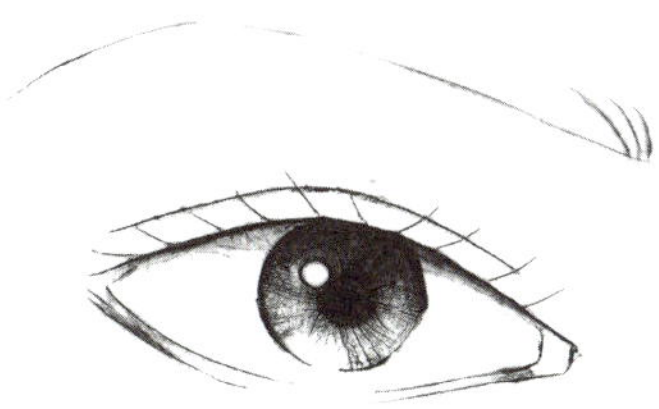
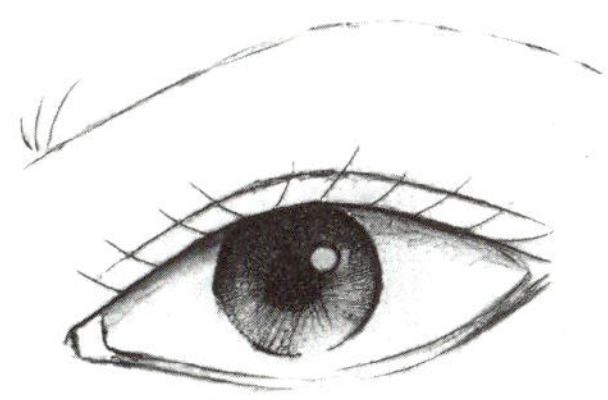
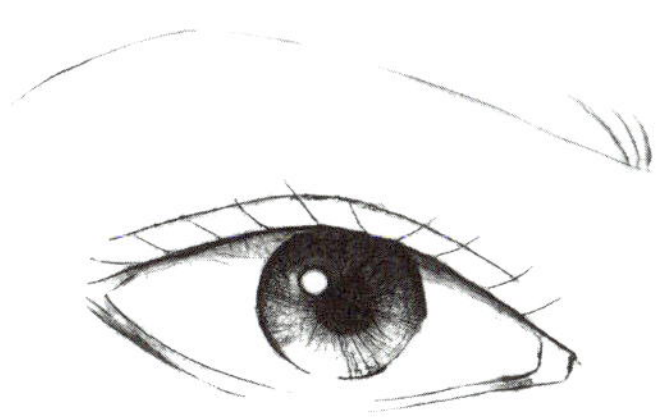
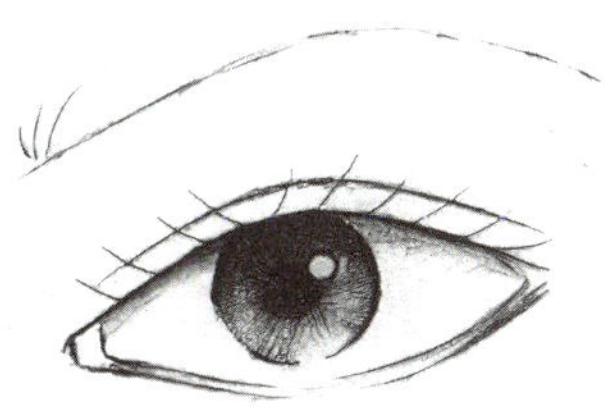

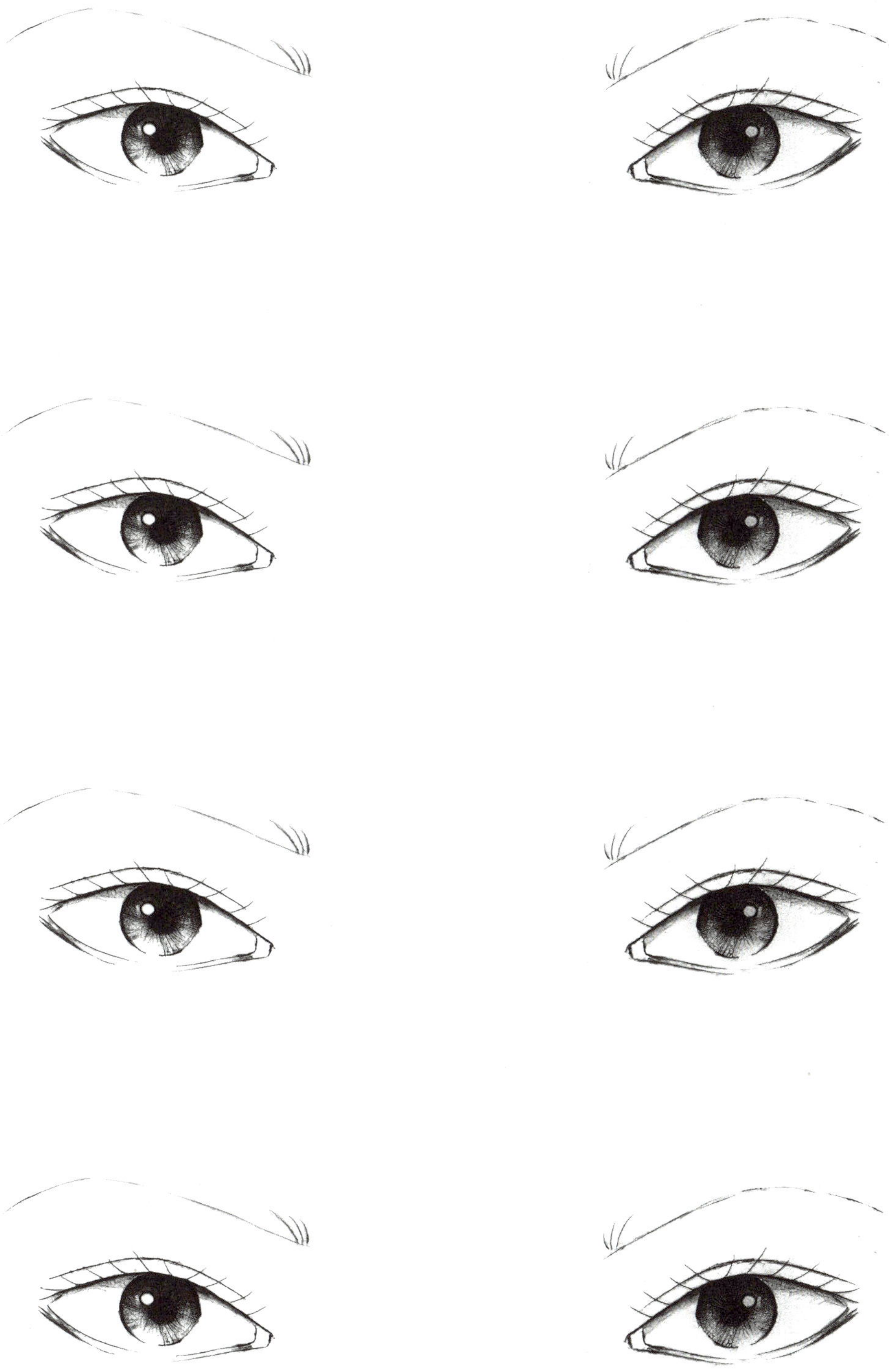

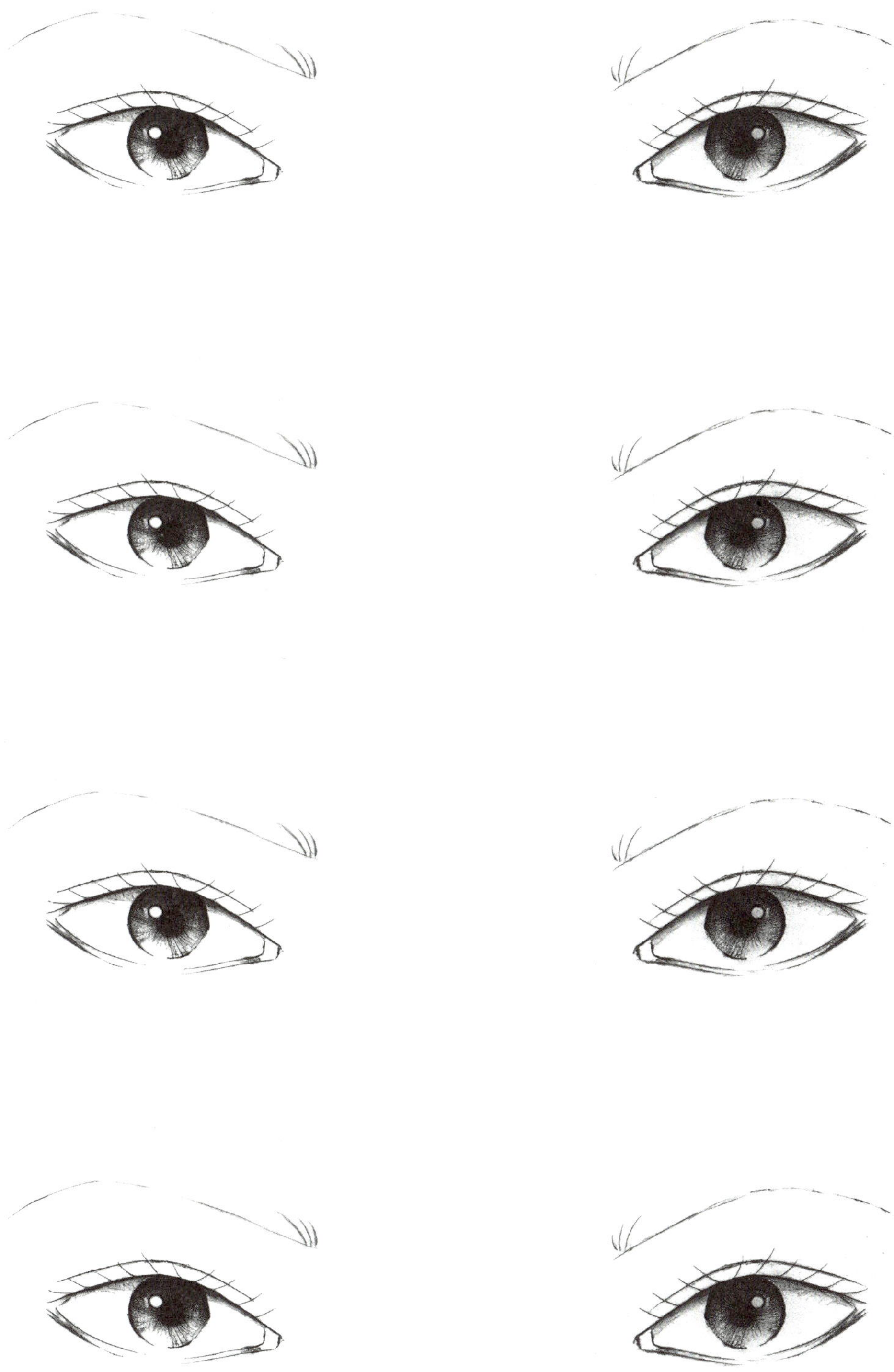

(2) 패턴연습 2

(3) 패턴연습 3

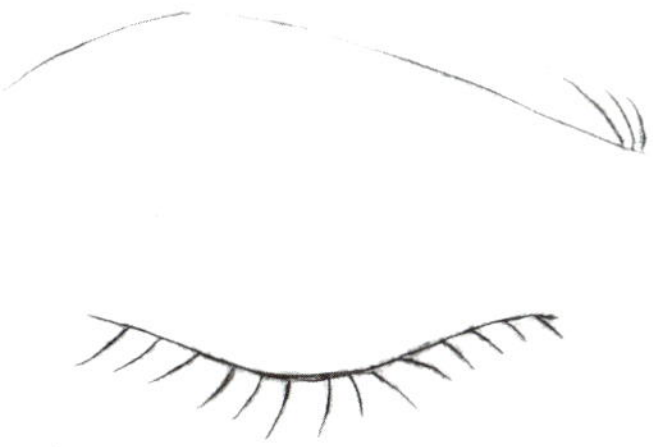
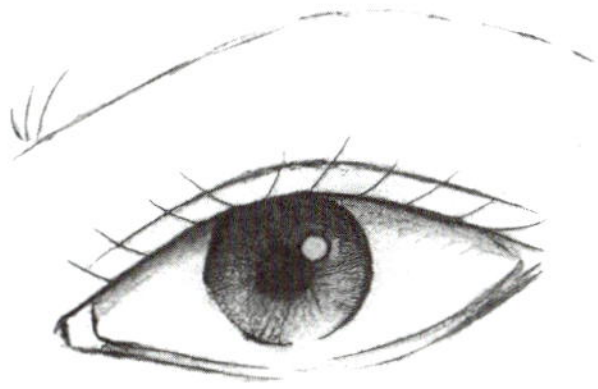
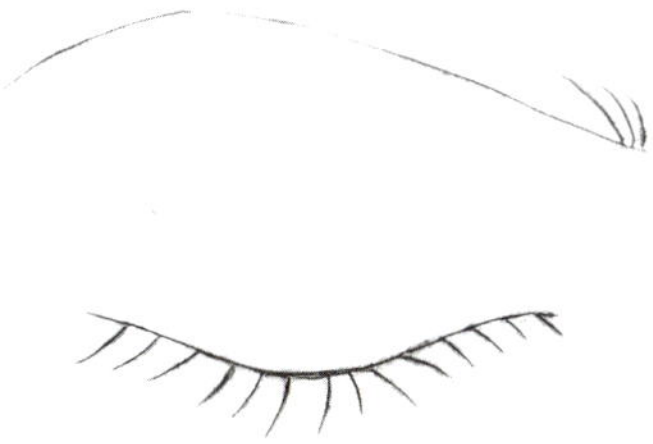
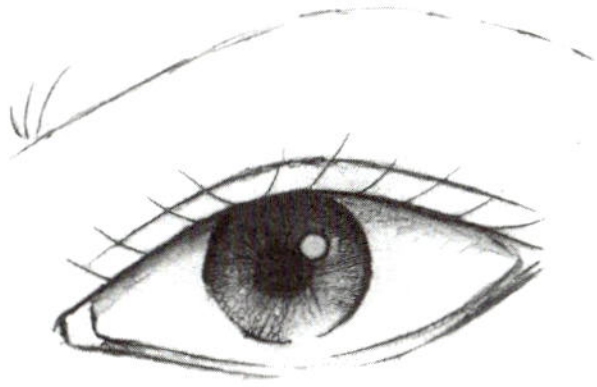
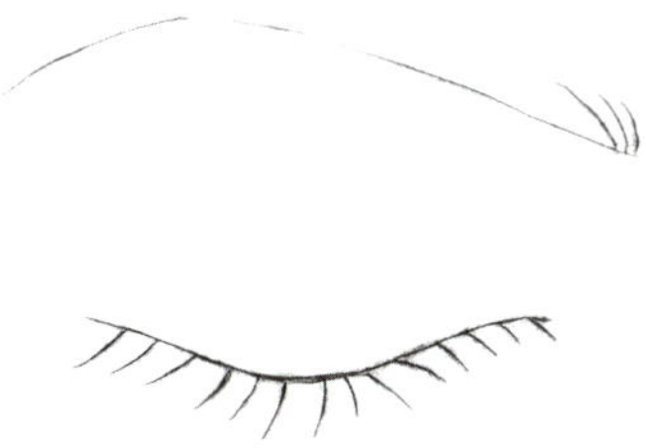
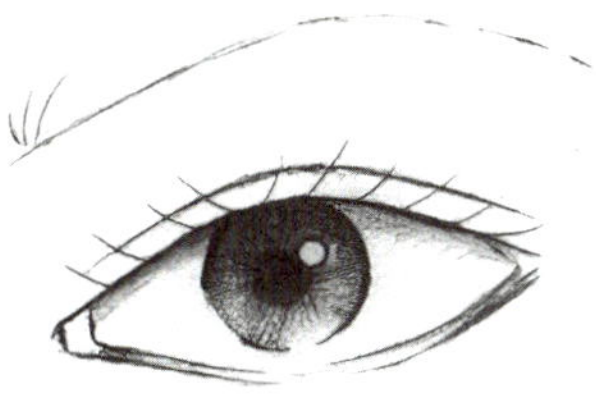
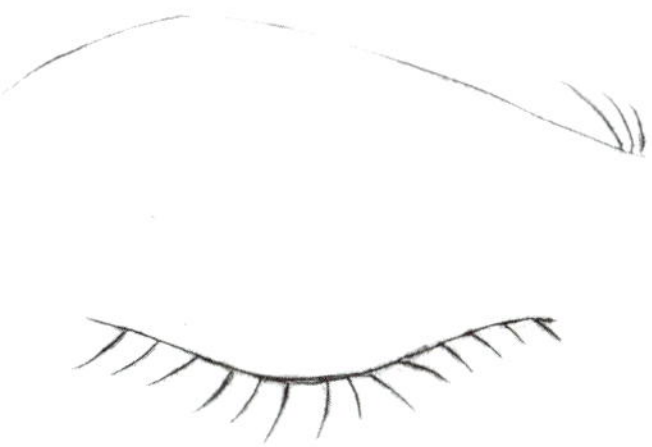
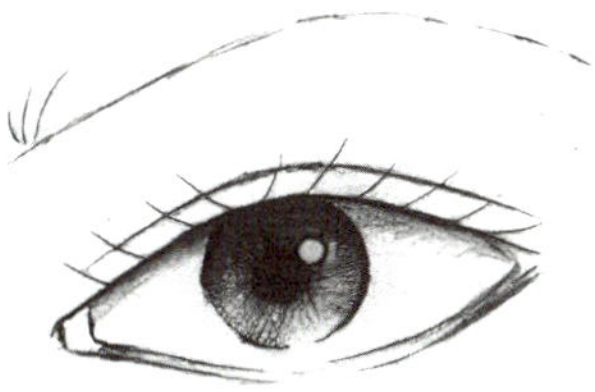

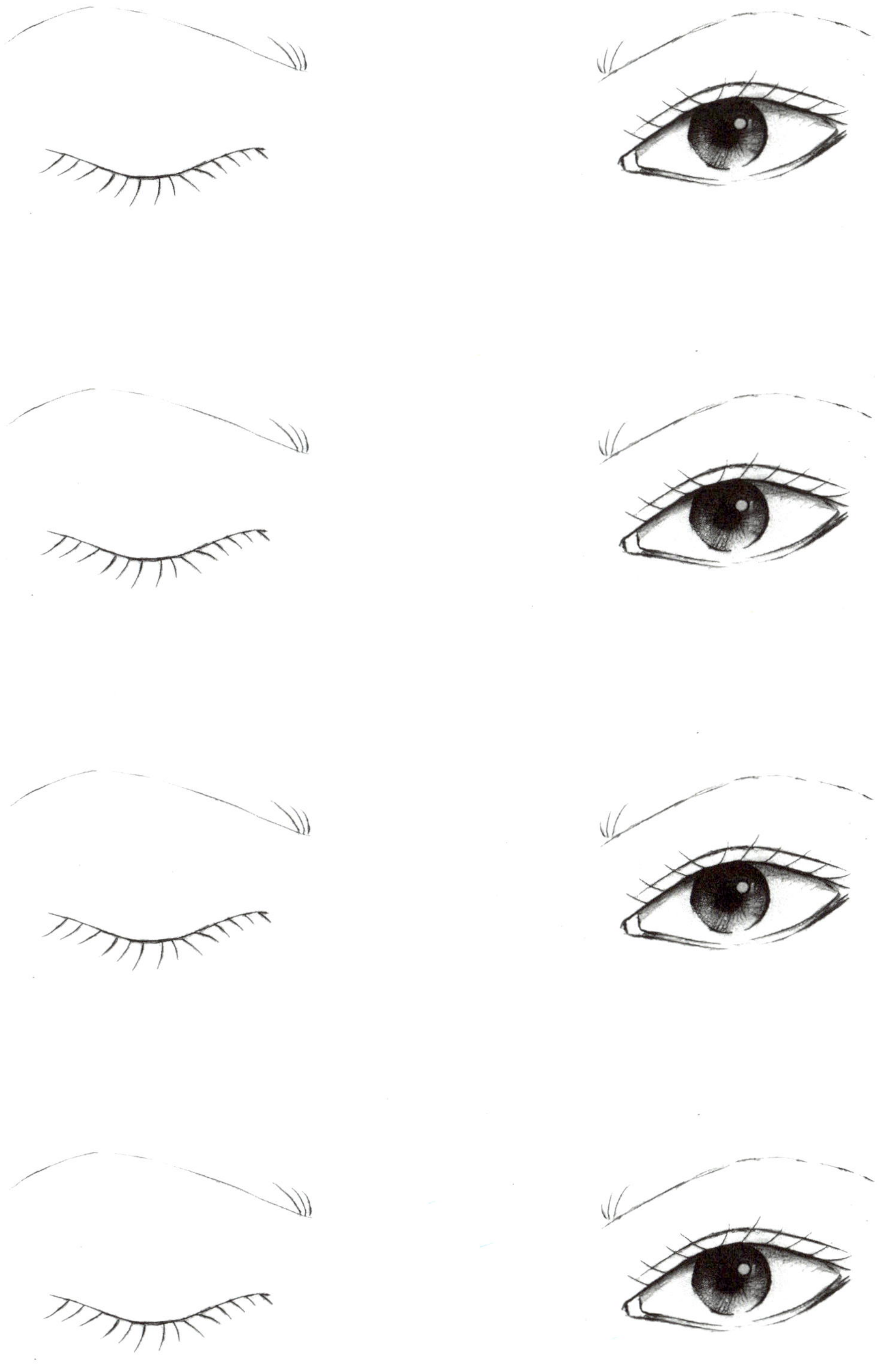

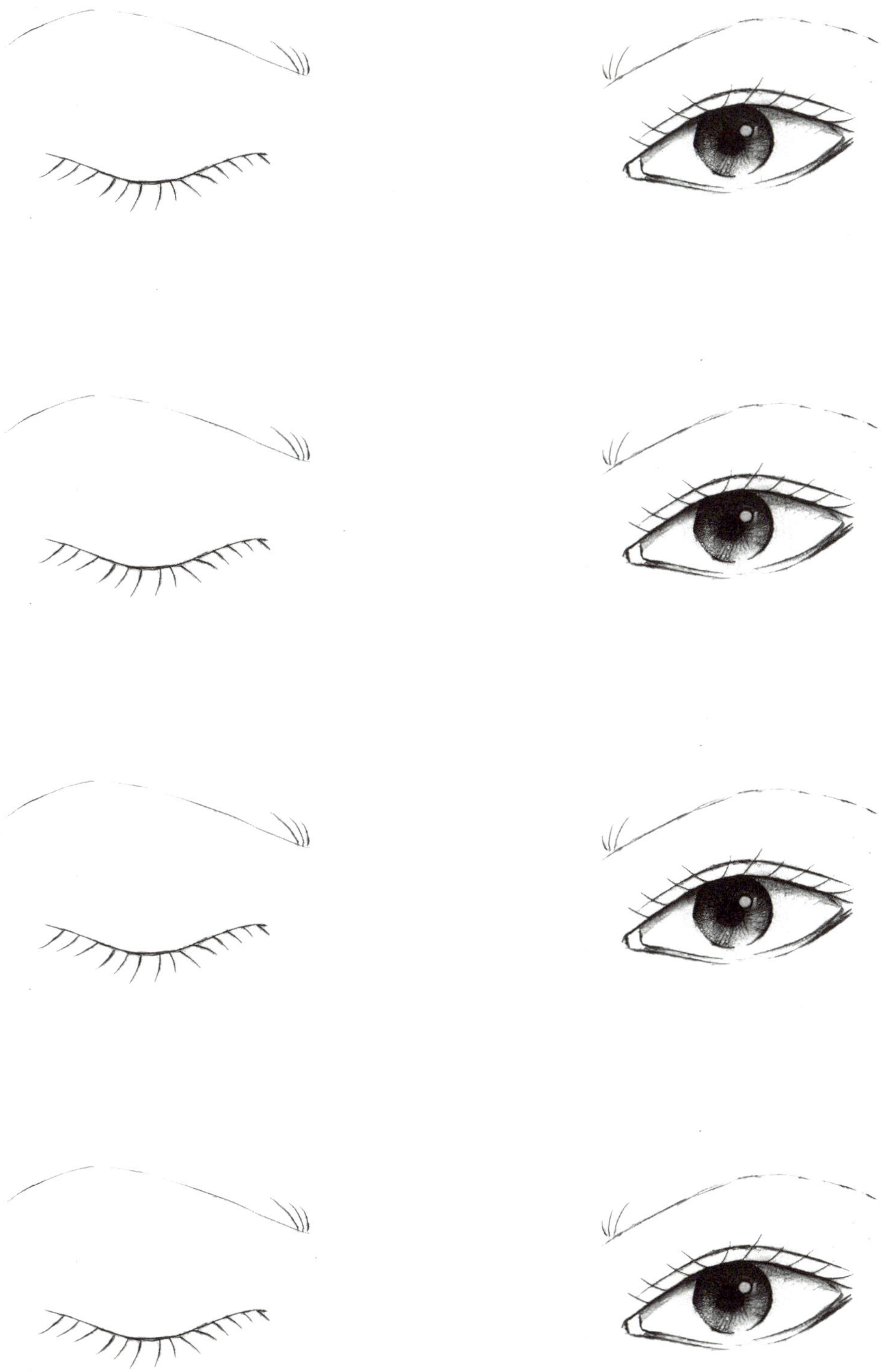

Chapter 7 Make-up Design

Chapter 7

Chapter 7

Make-up Design

1. 여자 얼굴 정면

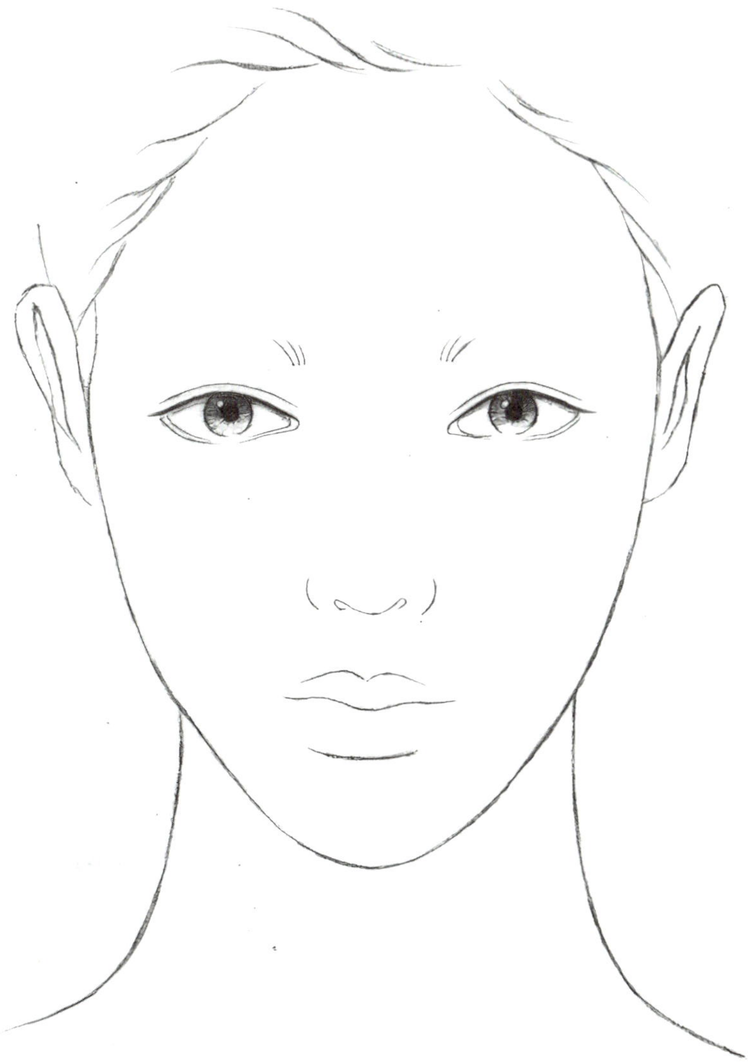

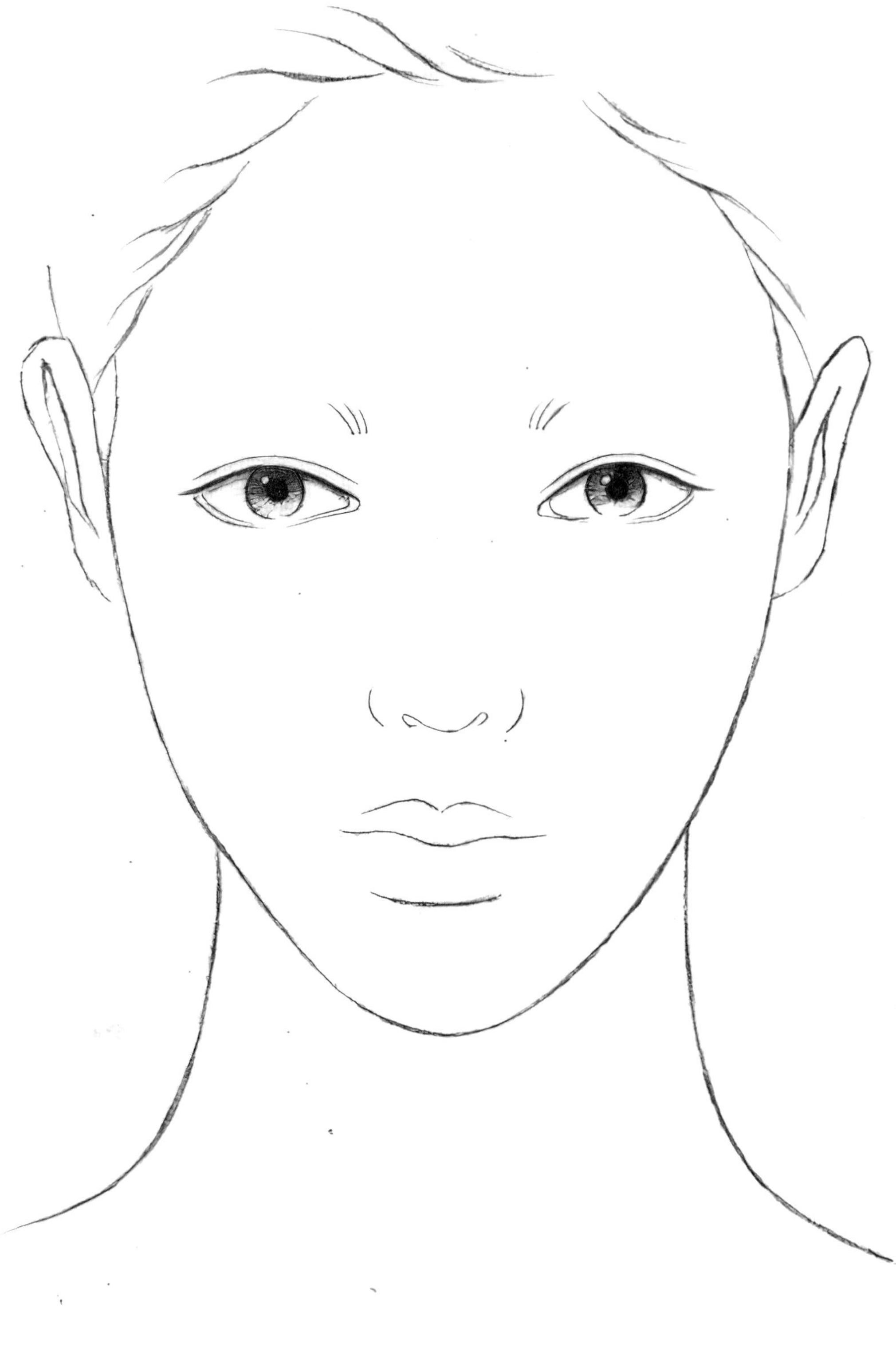

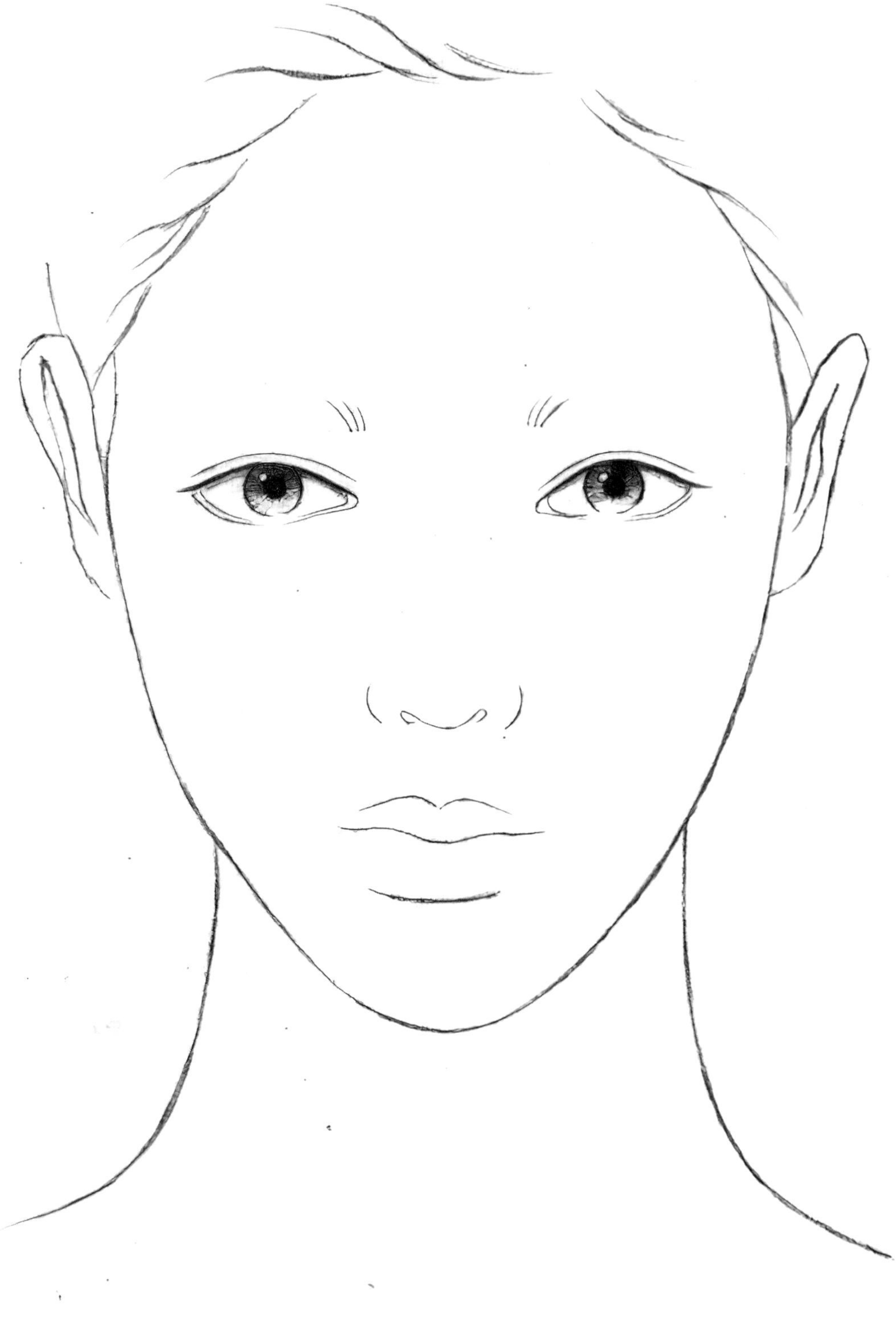

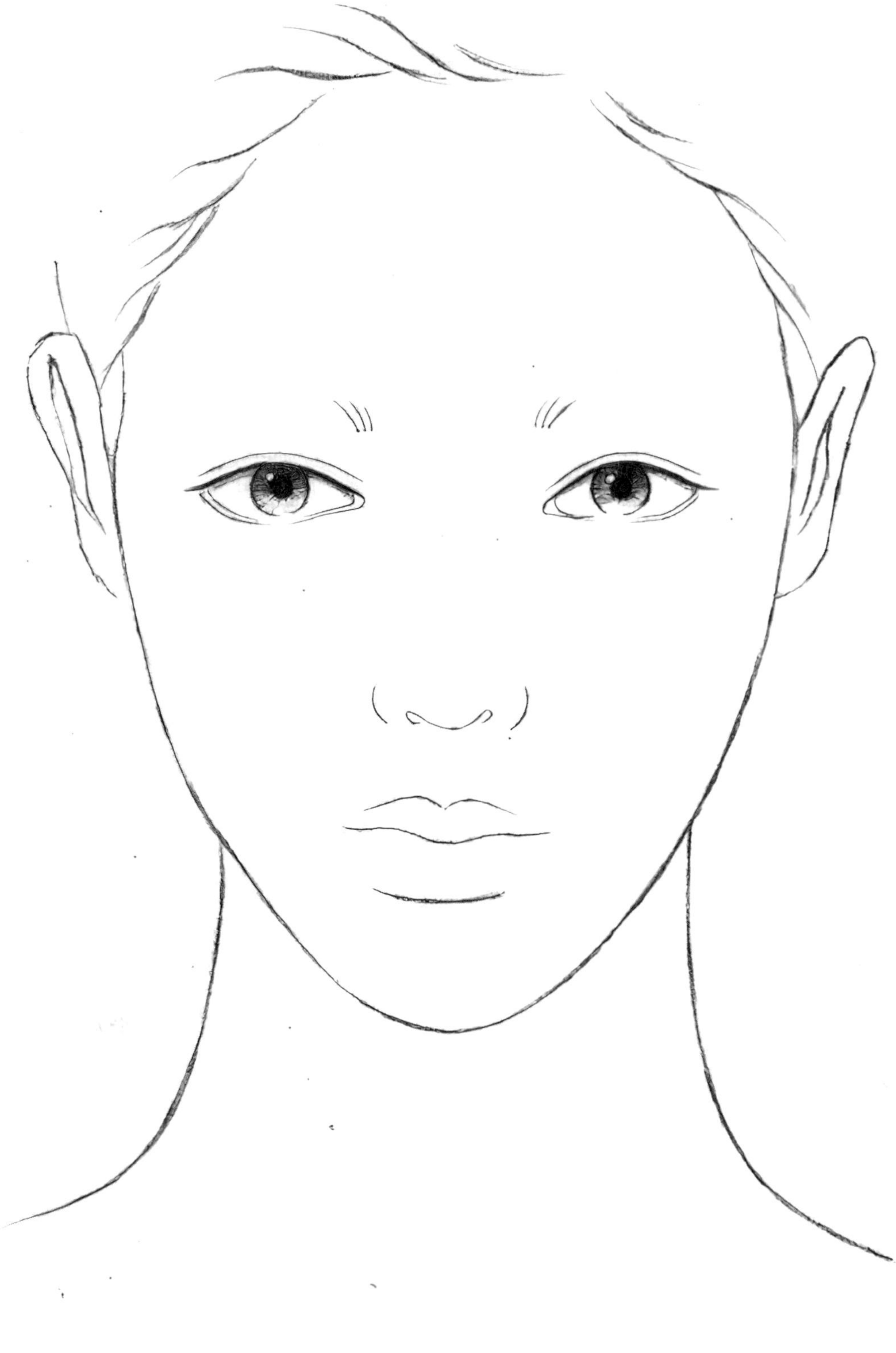

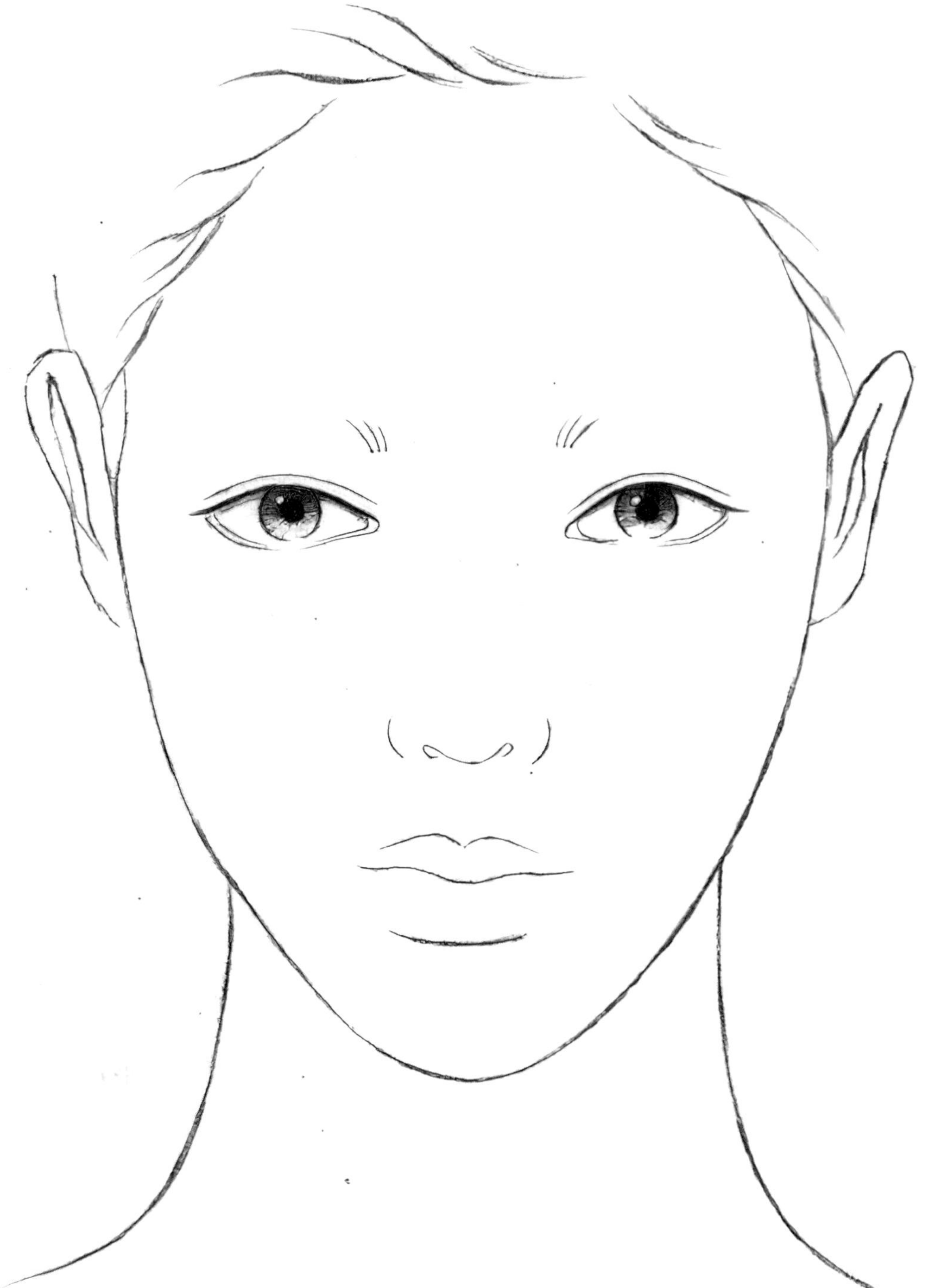

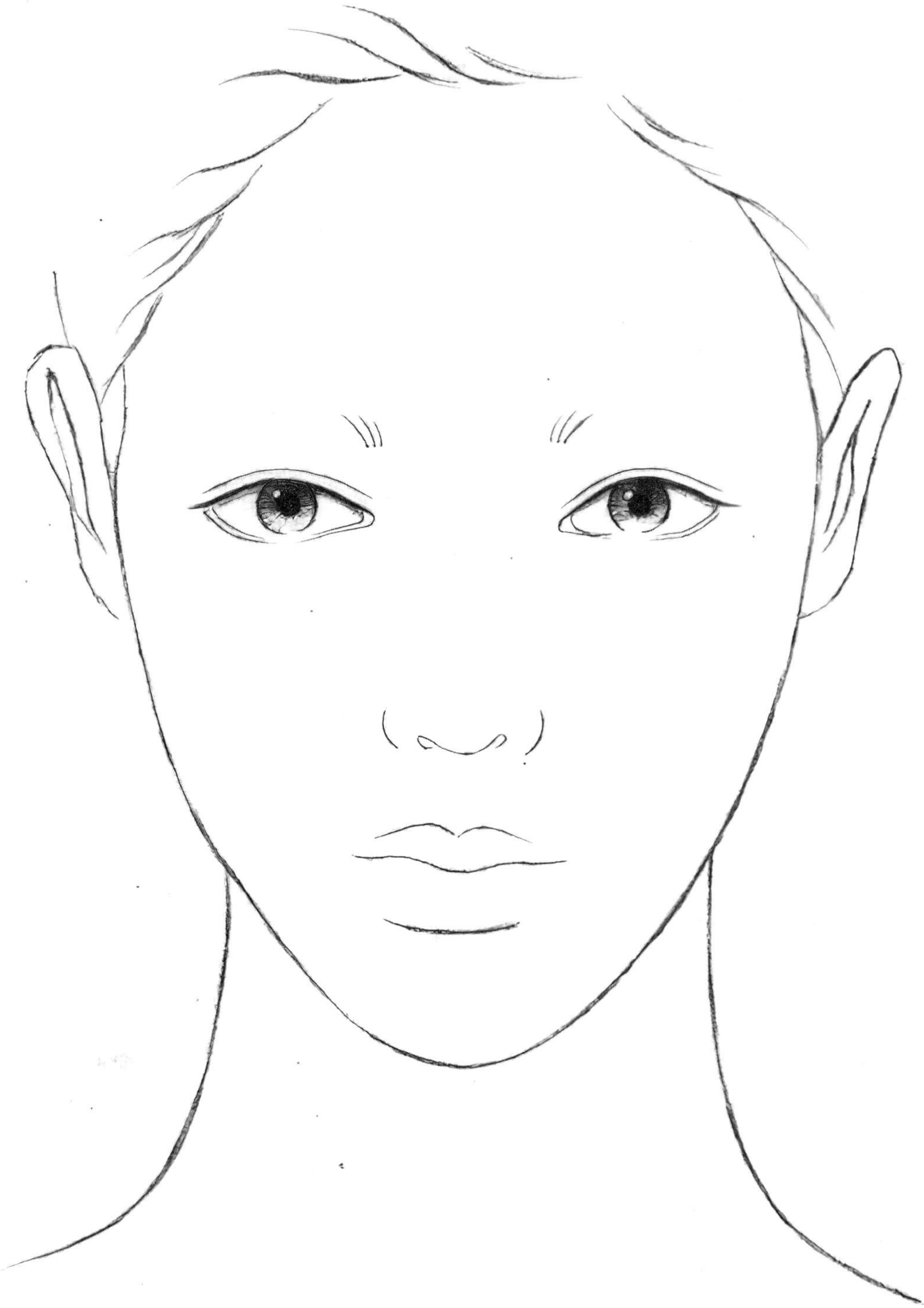

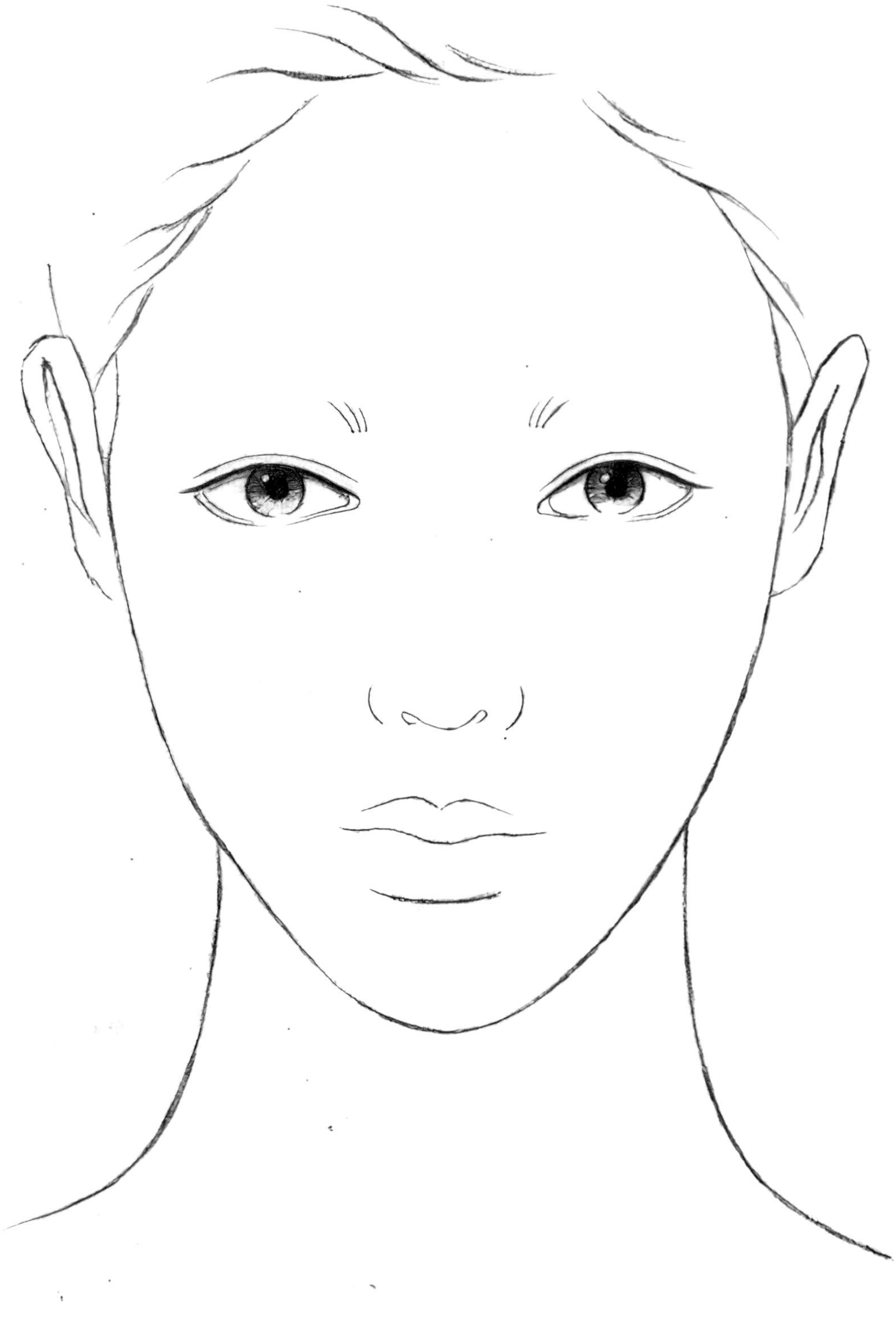

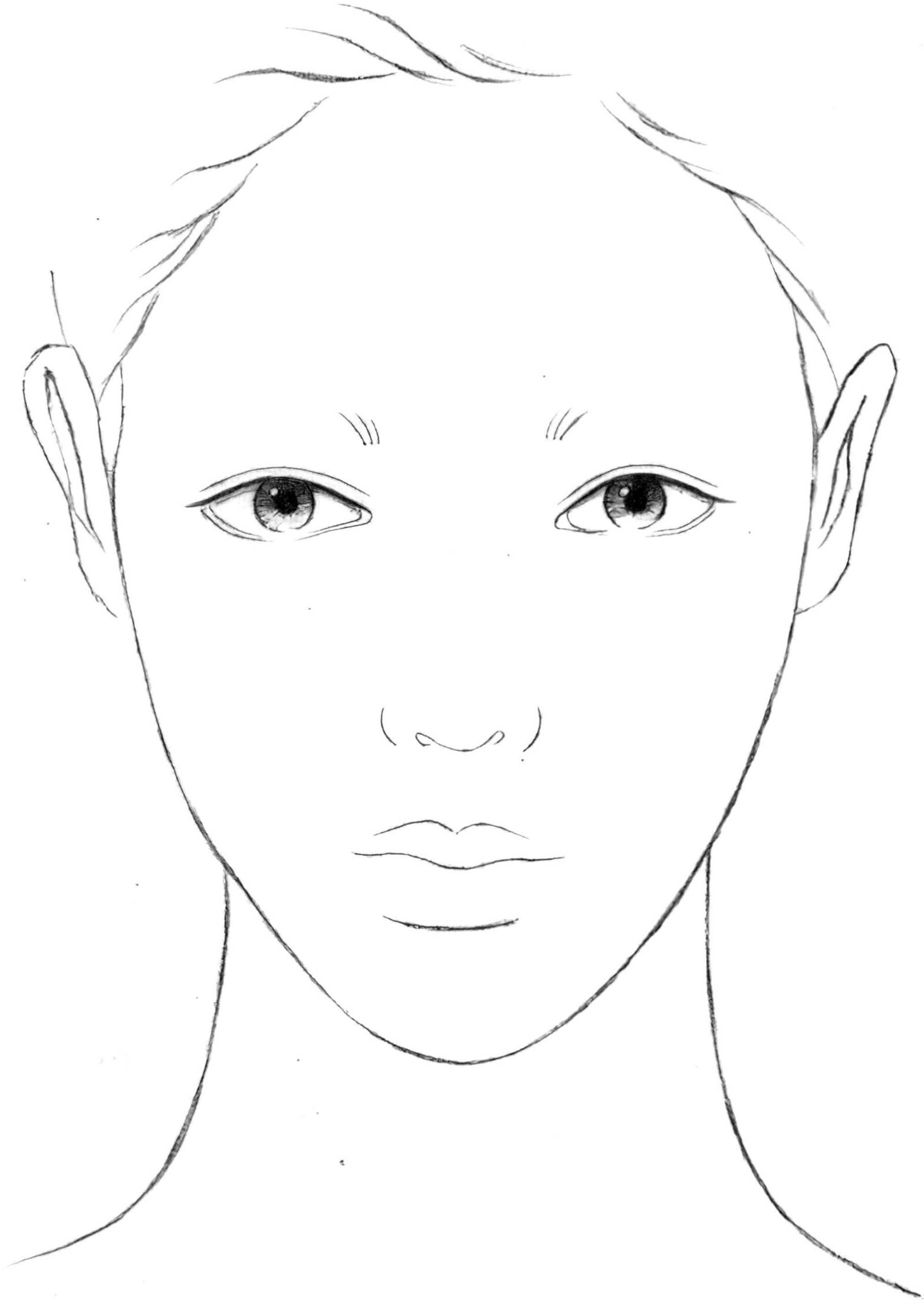

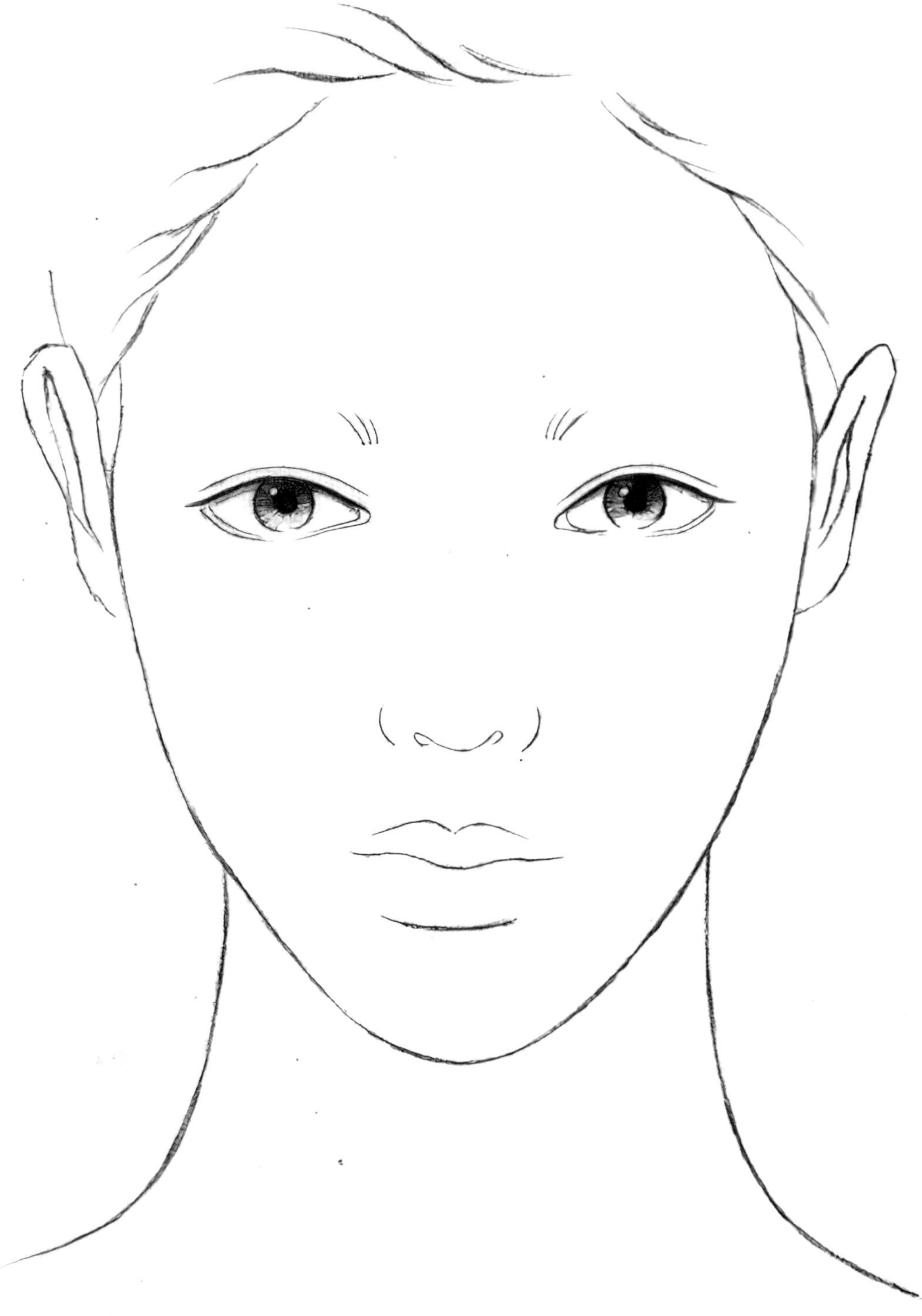

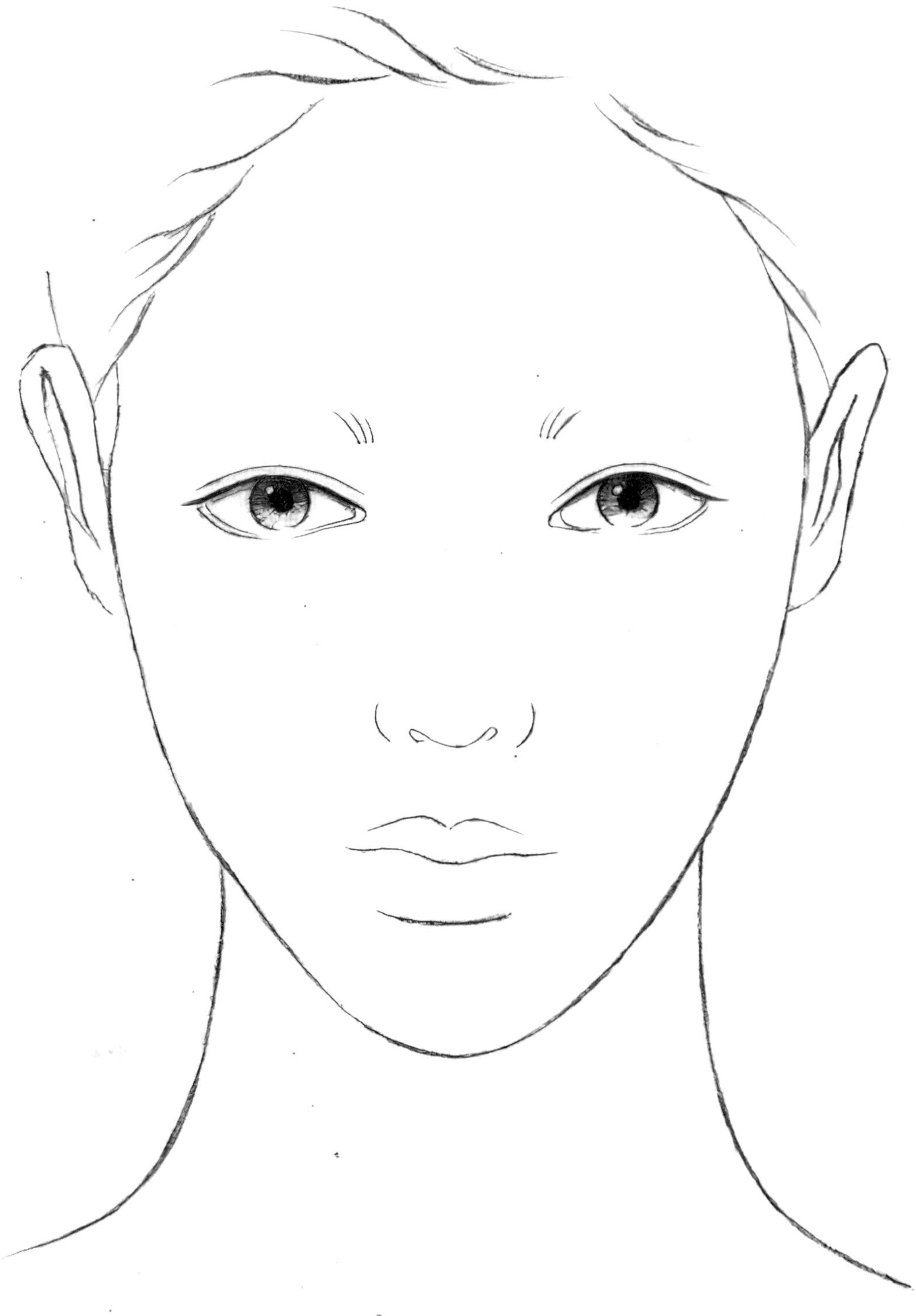

2. 남자 얼굴 정면

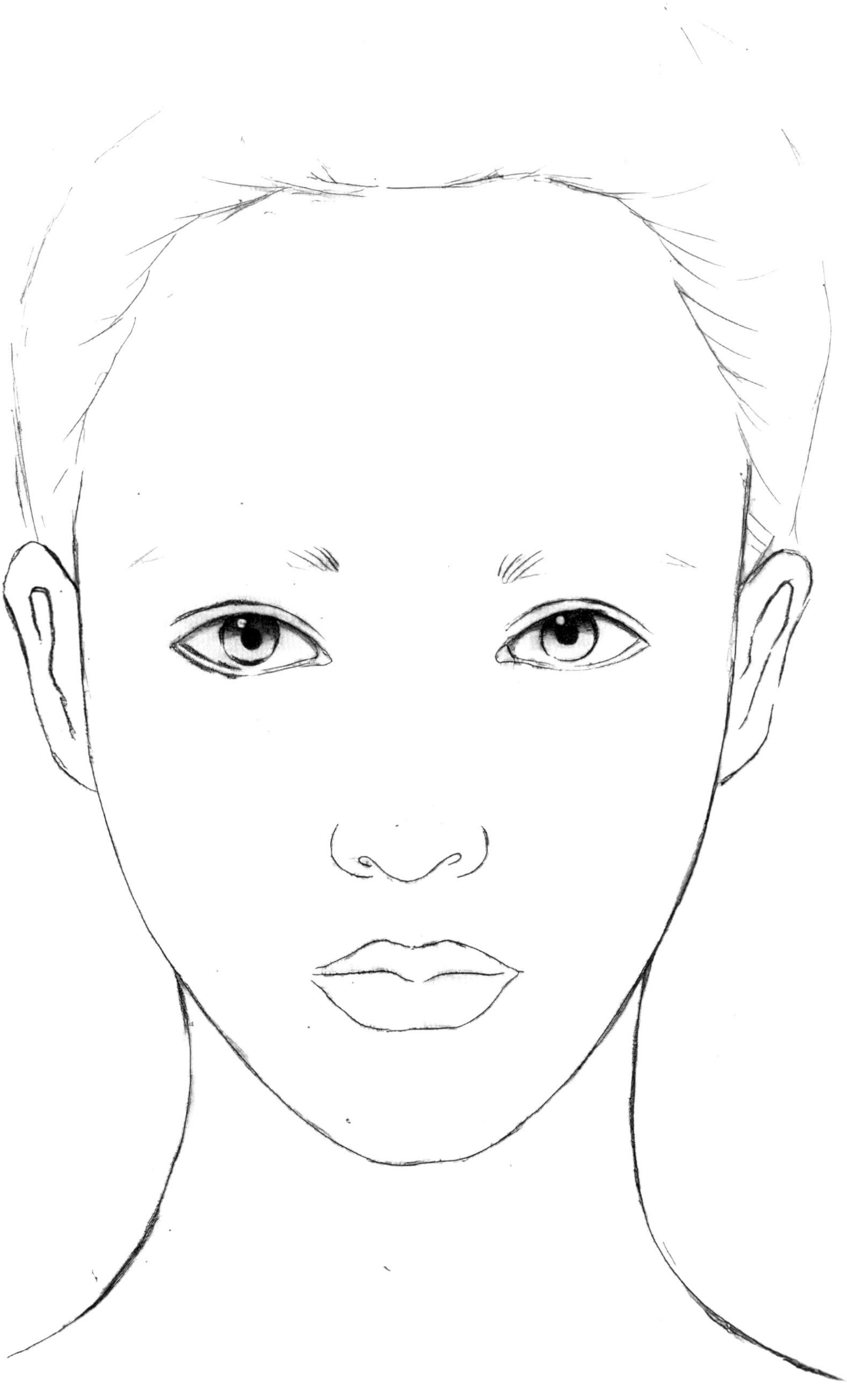

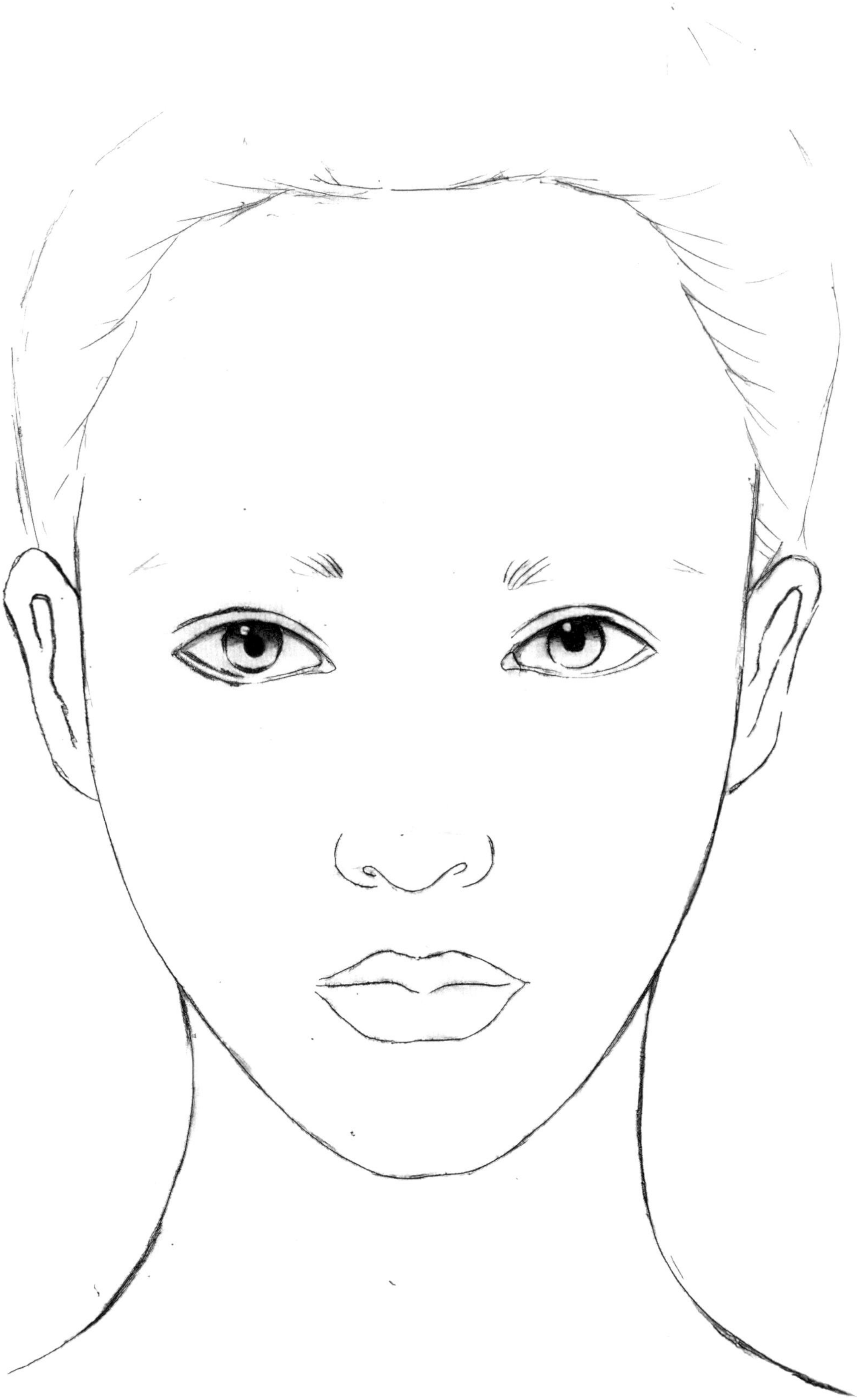

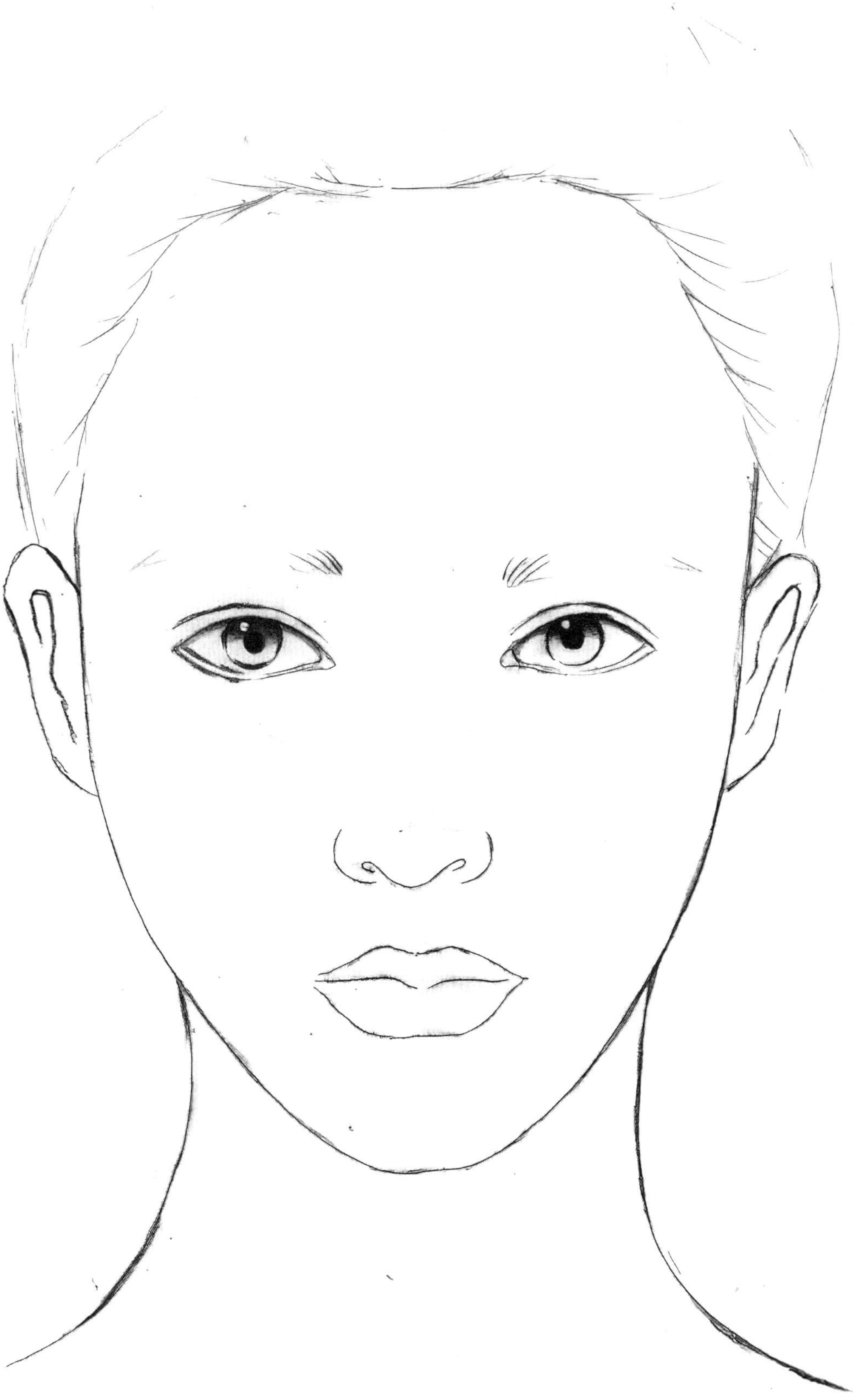

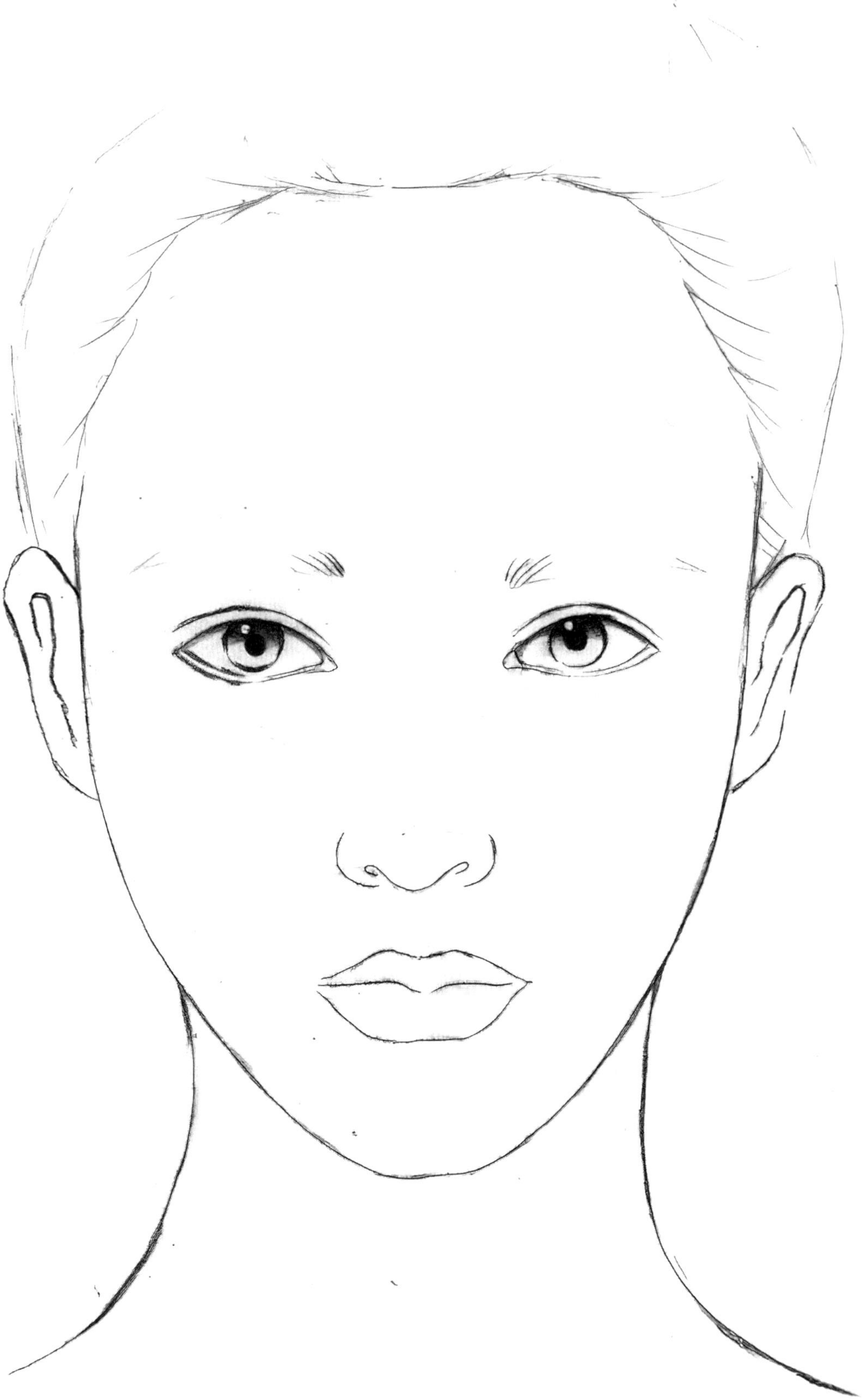

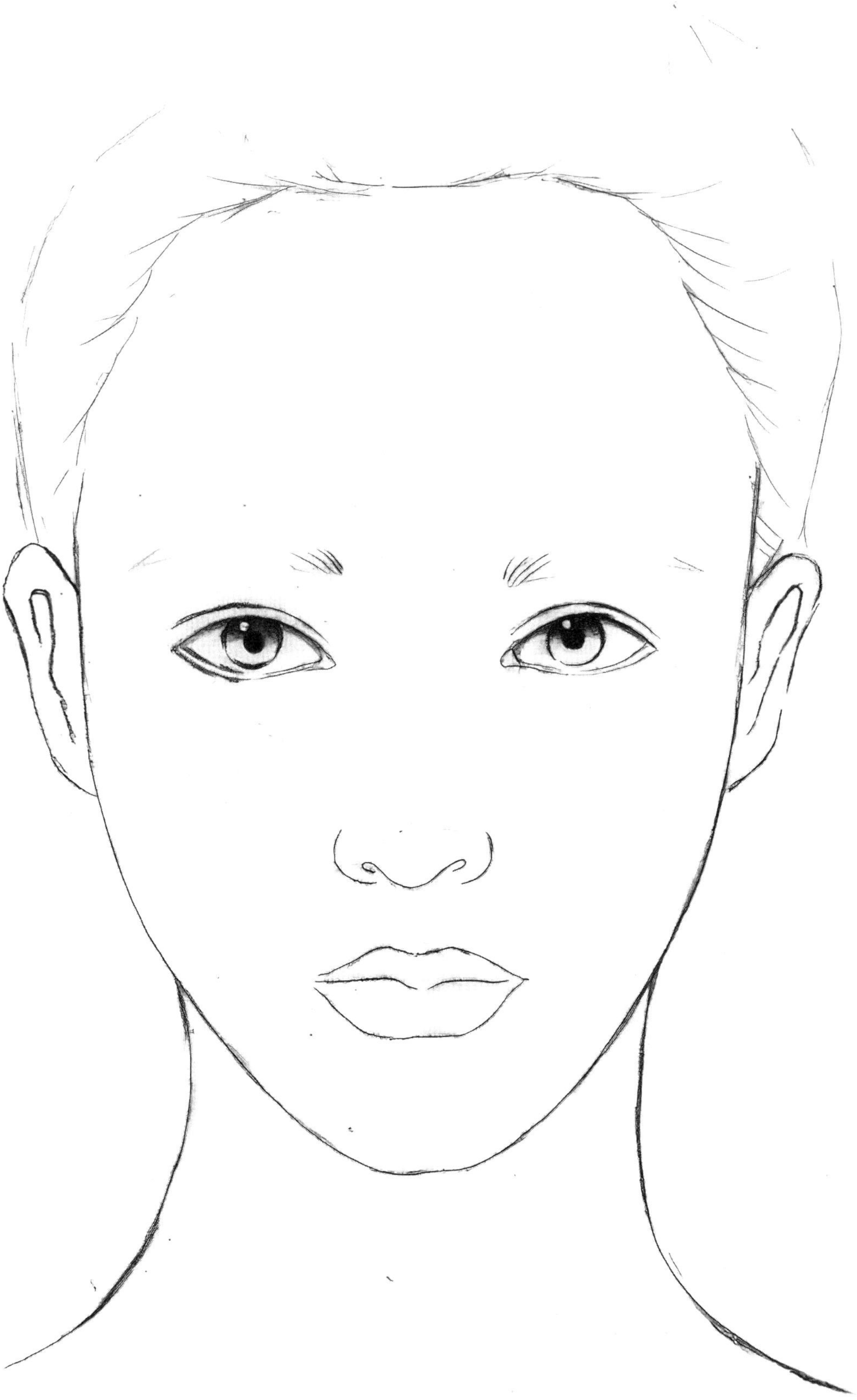

3. 여자 얼굴 측면 I

4. 여자 얼굴 측면 Ⅱ

5. 상반신 Ⅰ

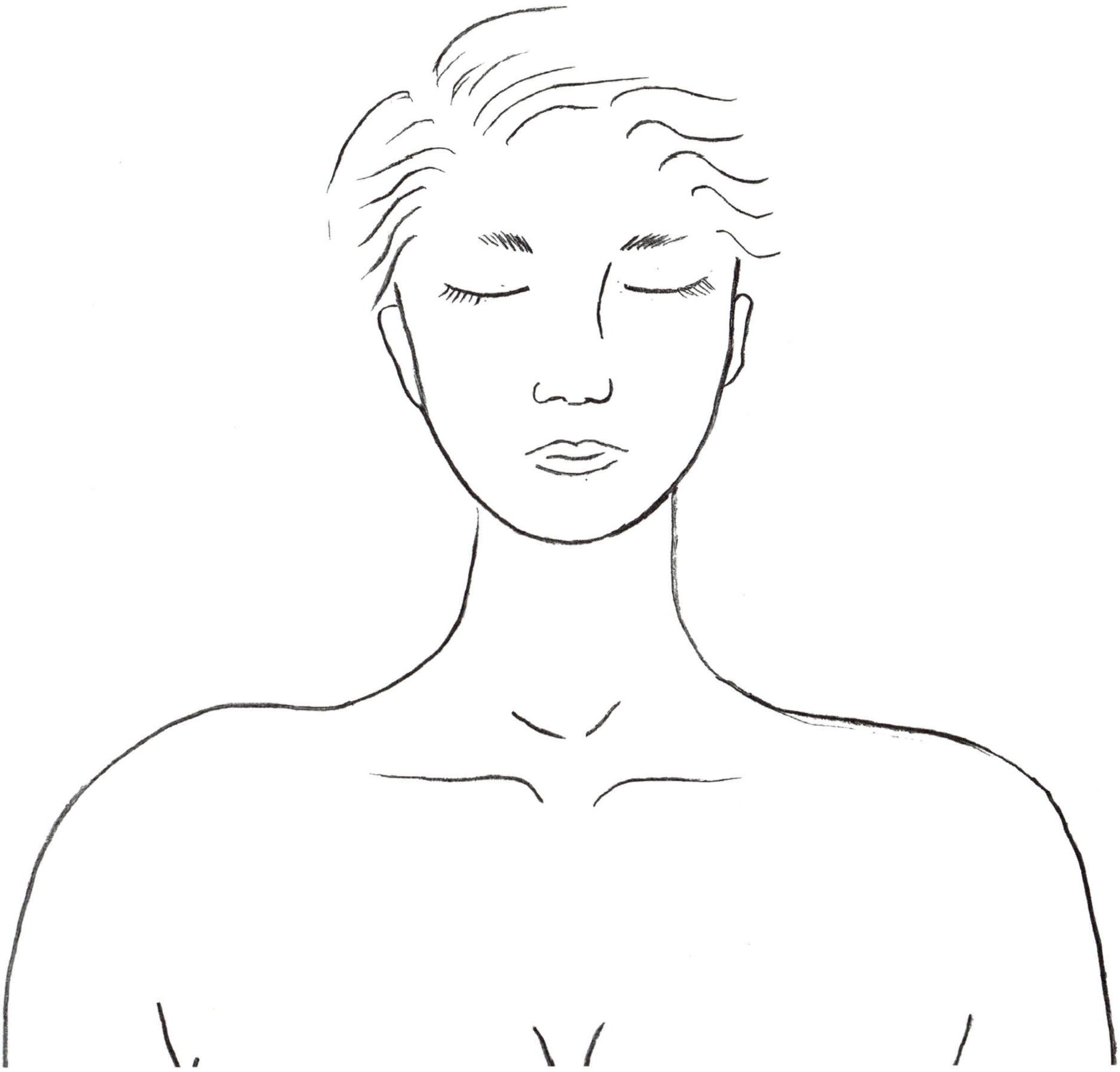

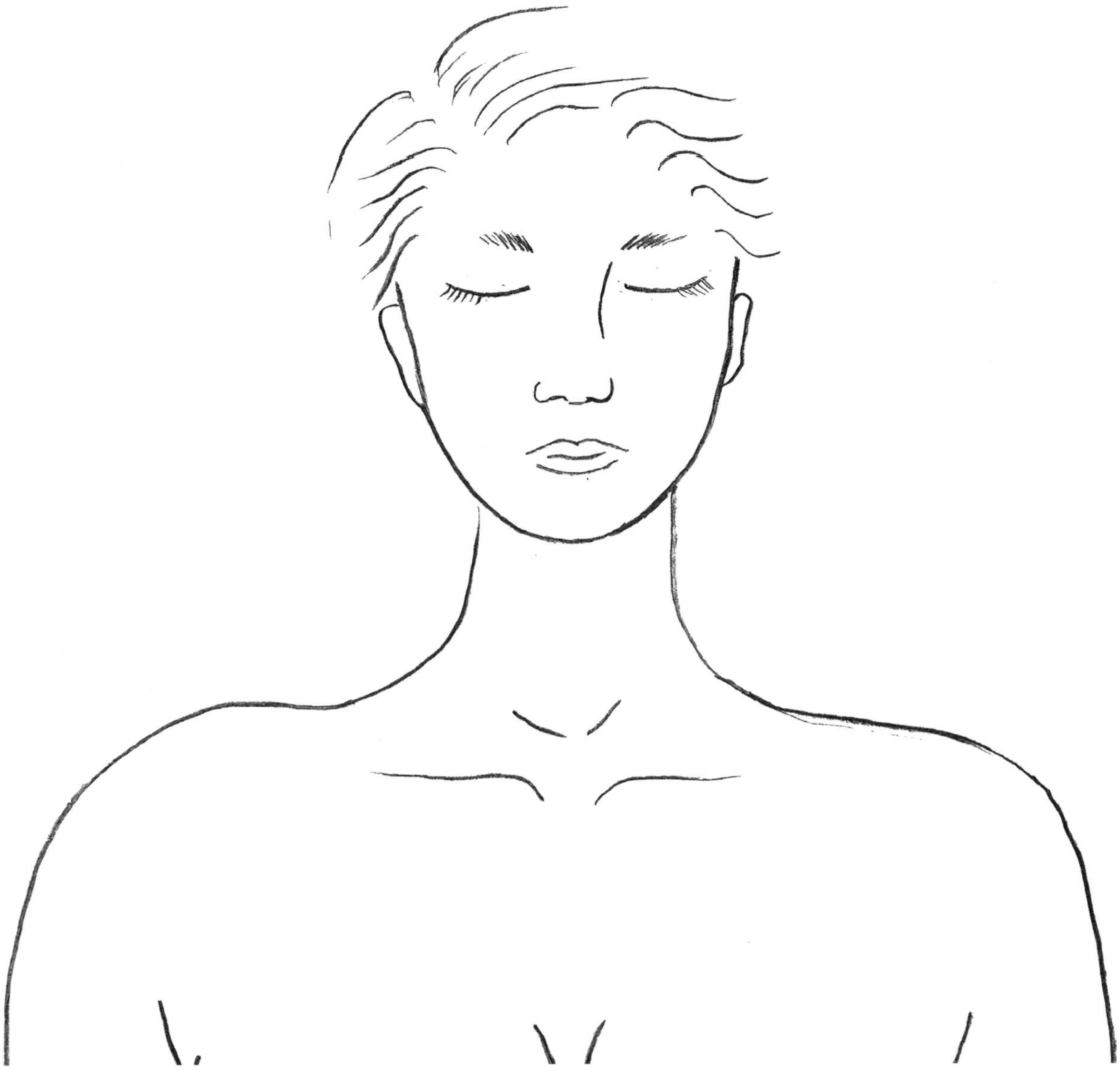

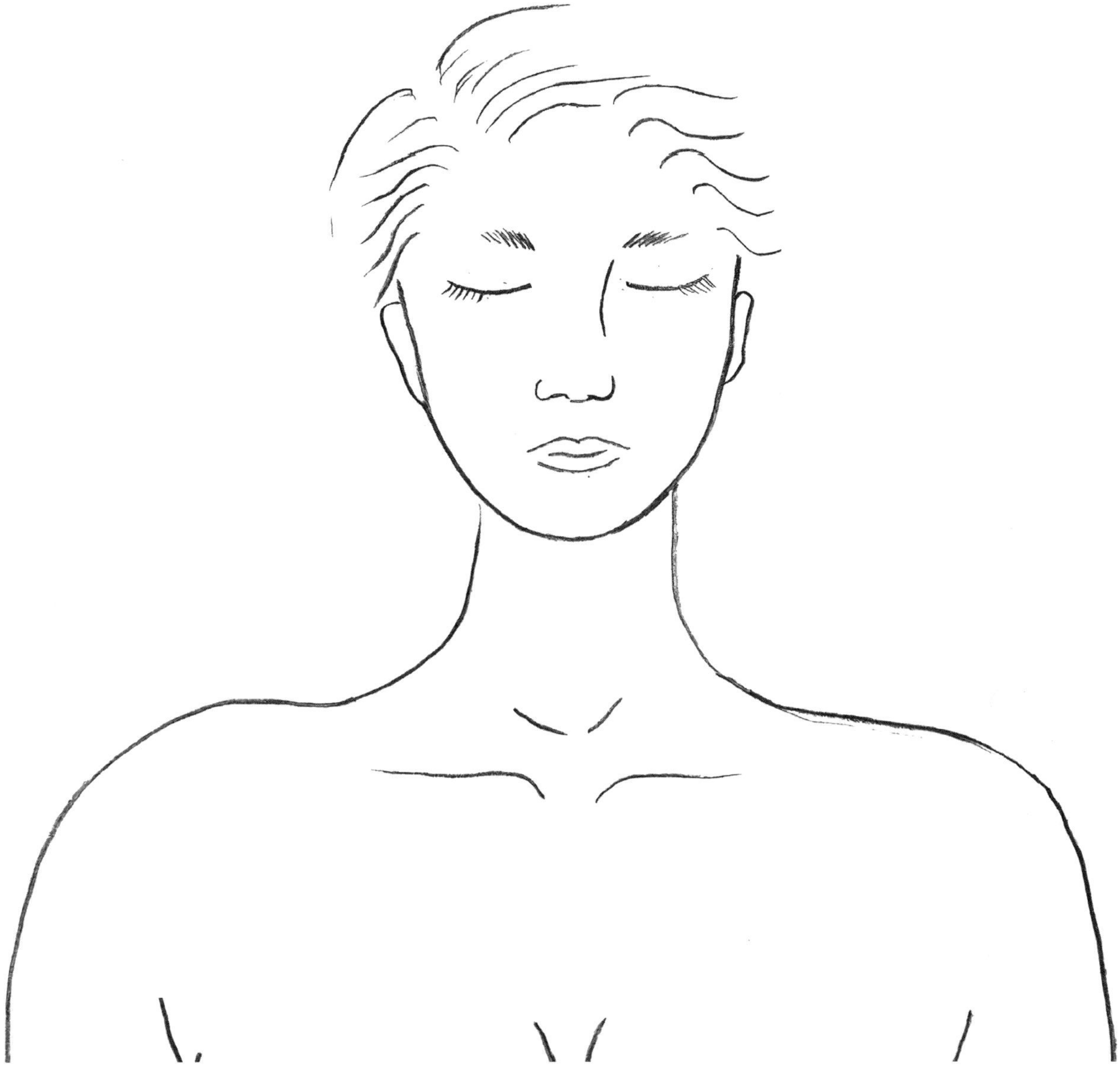

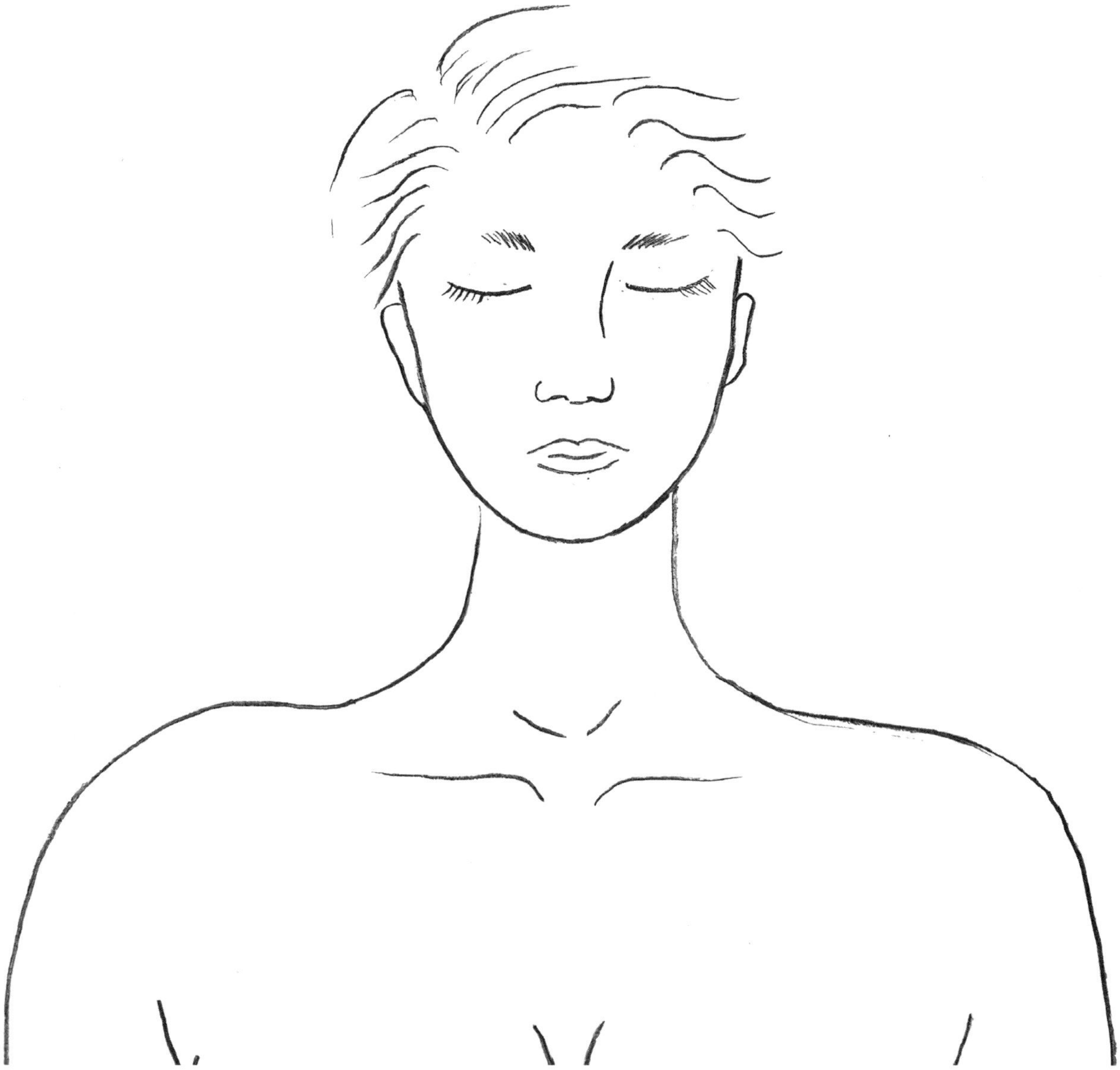

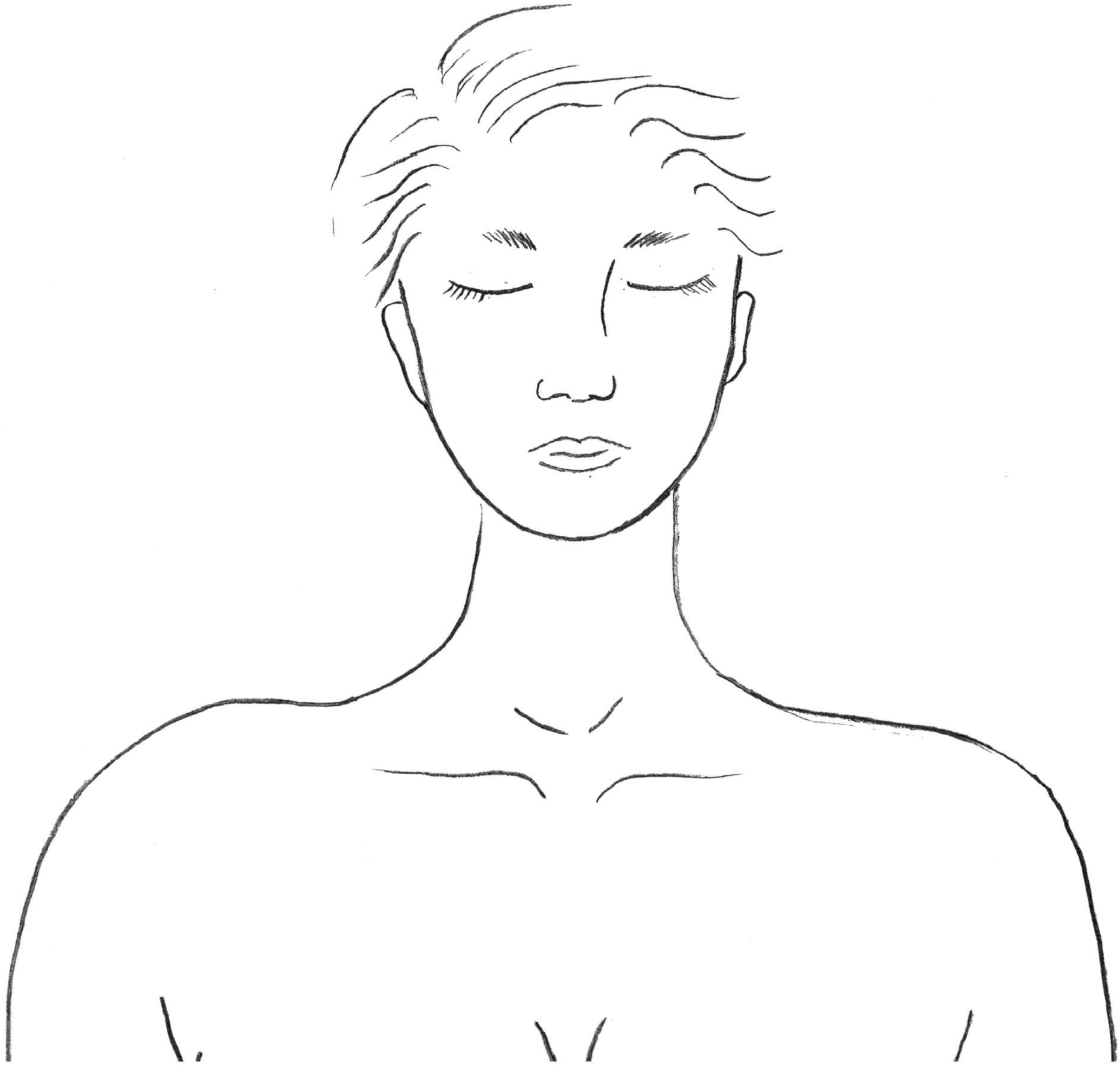

6. 상반신 Ⅱ

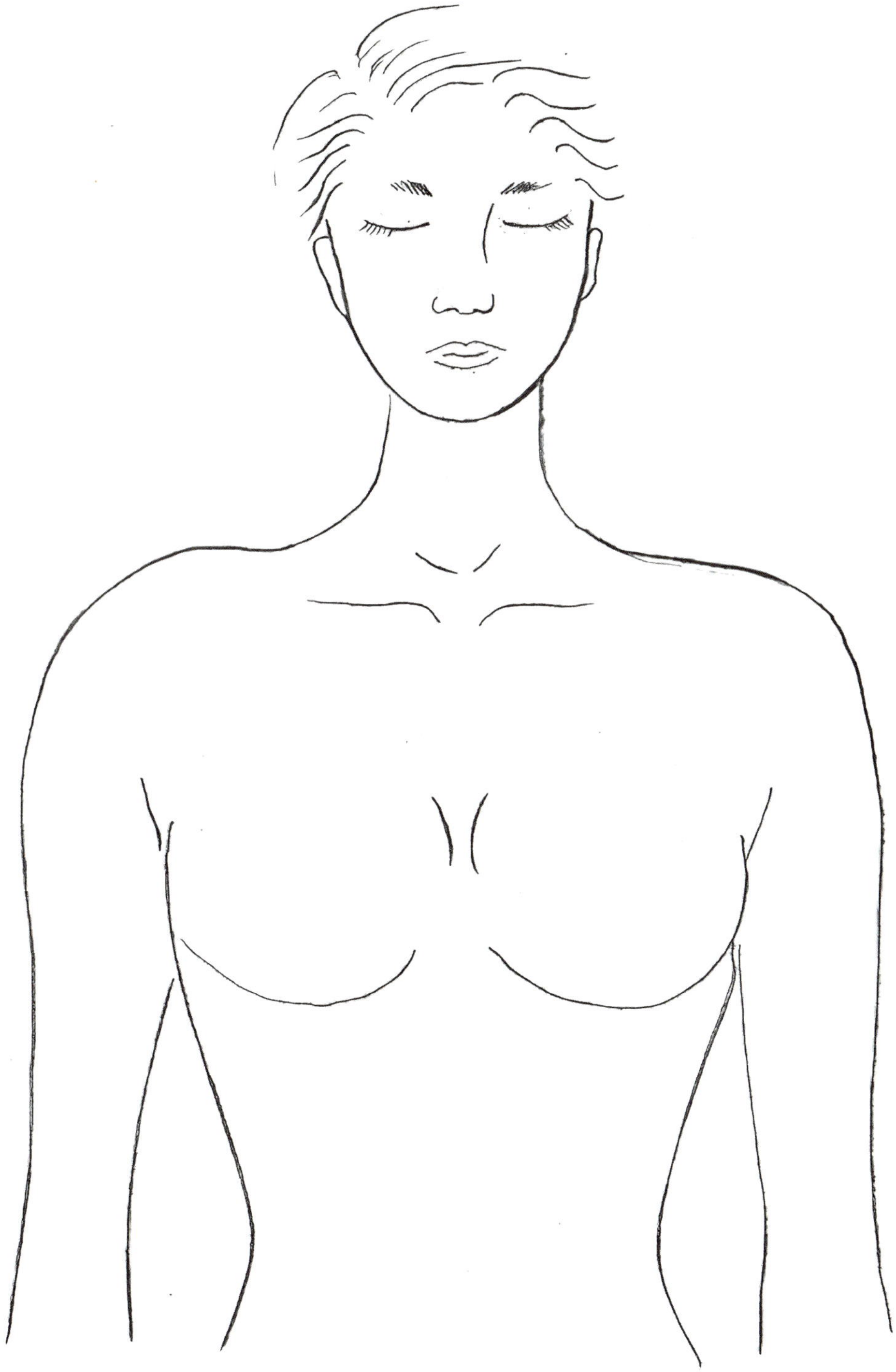

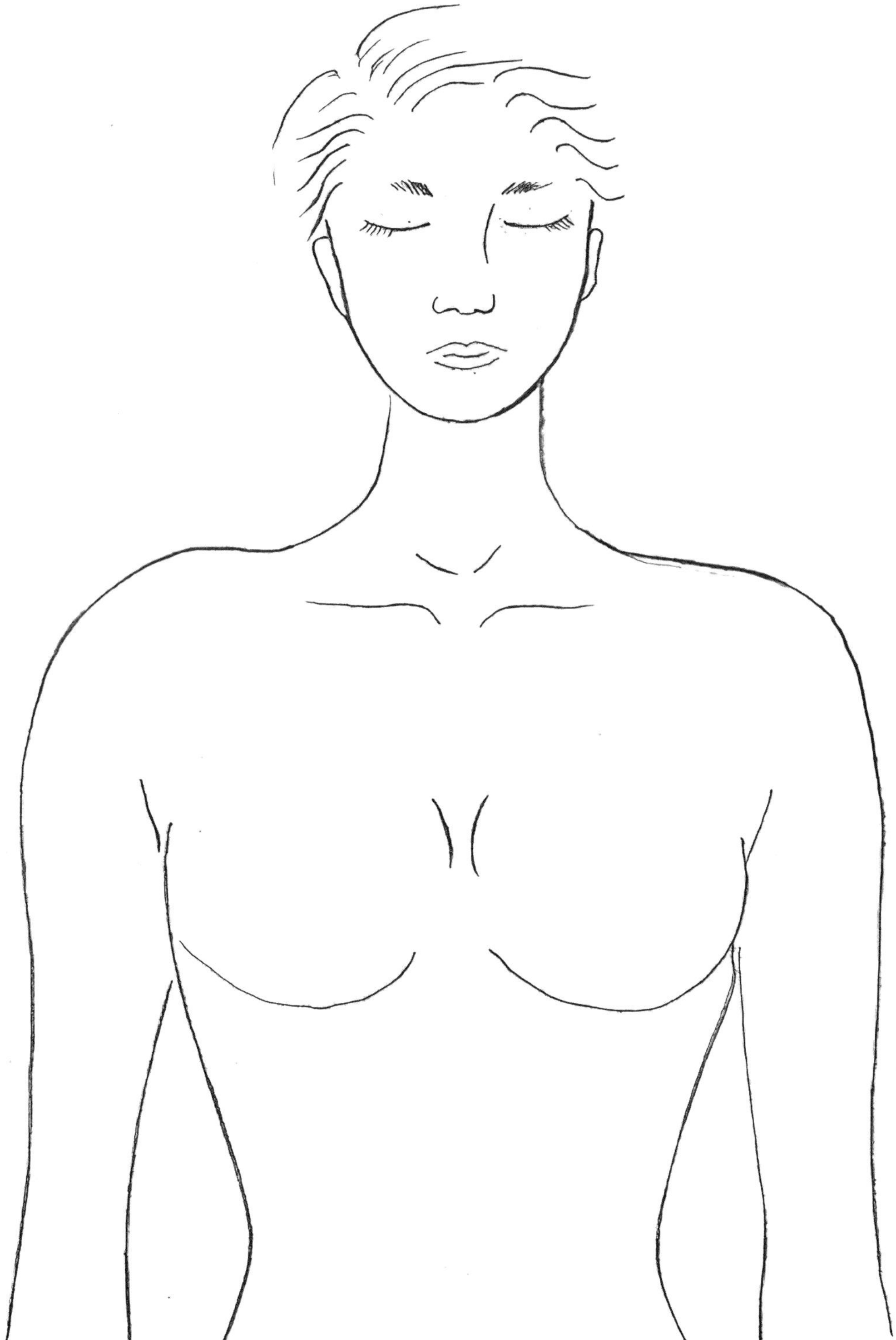

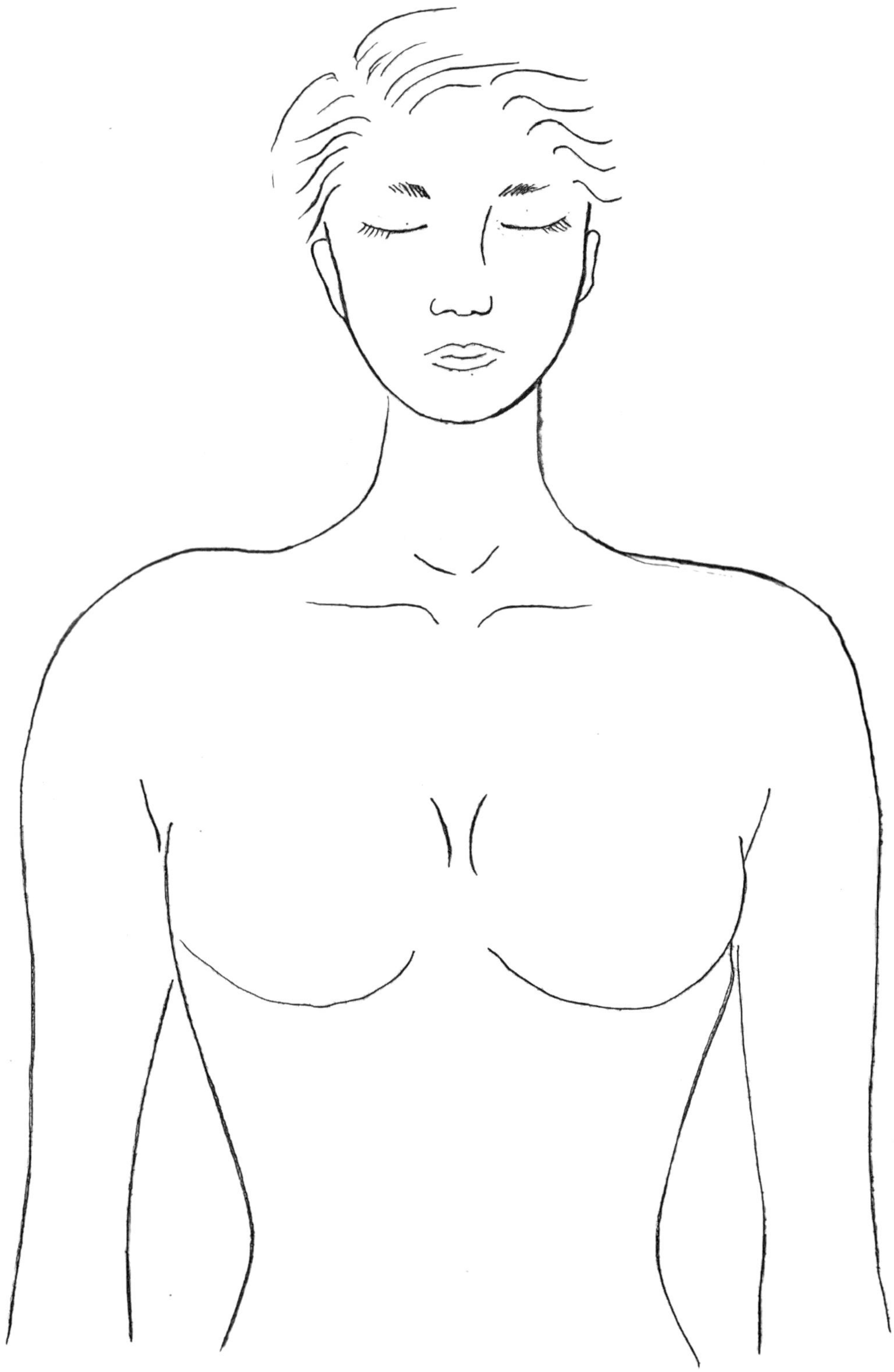

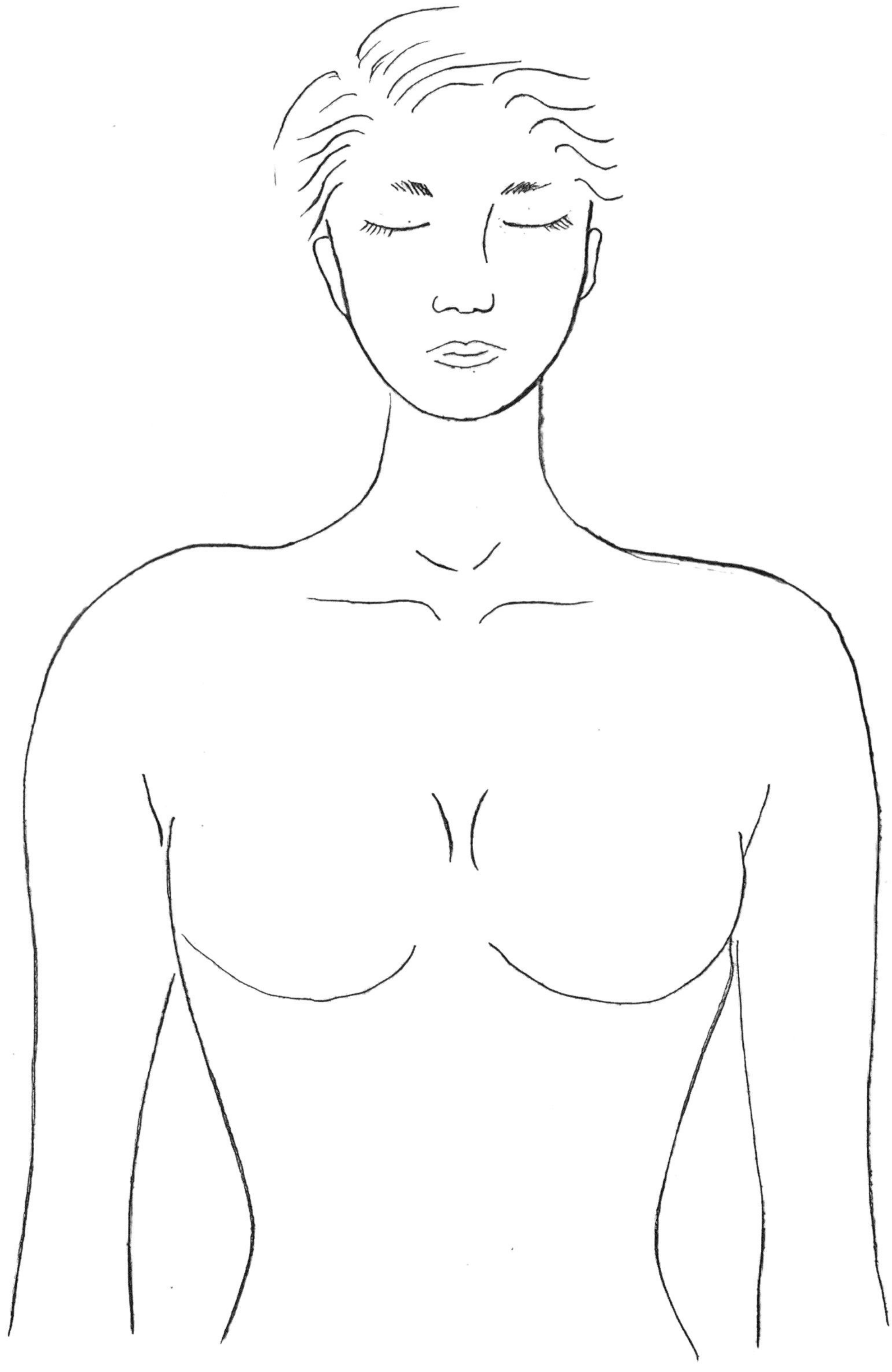

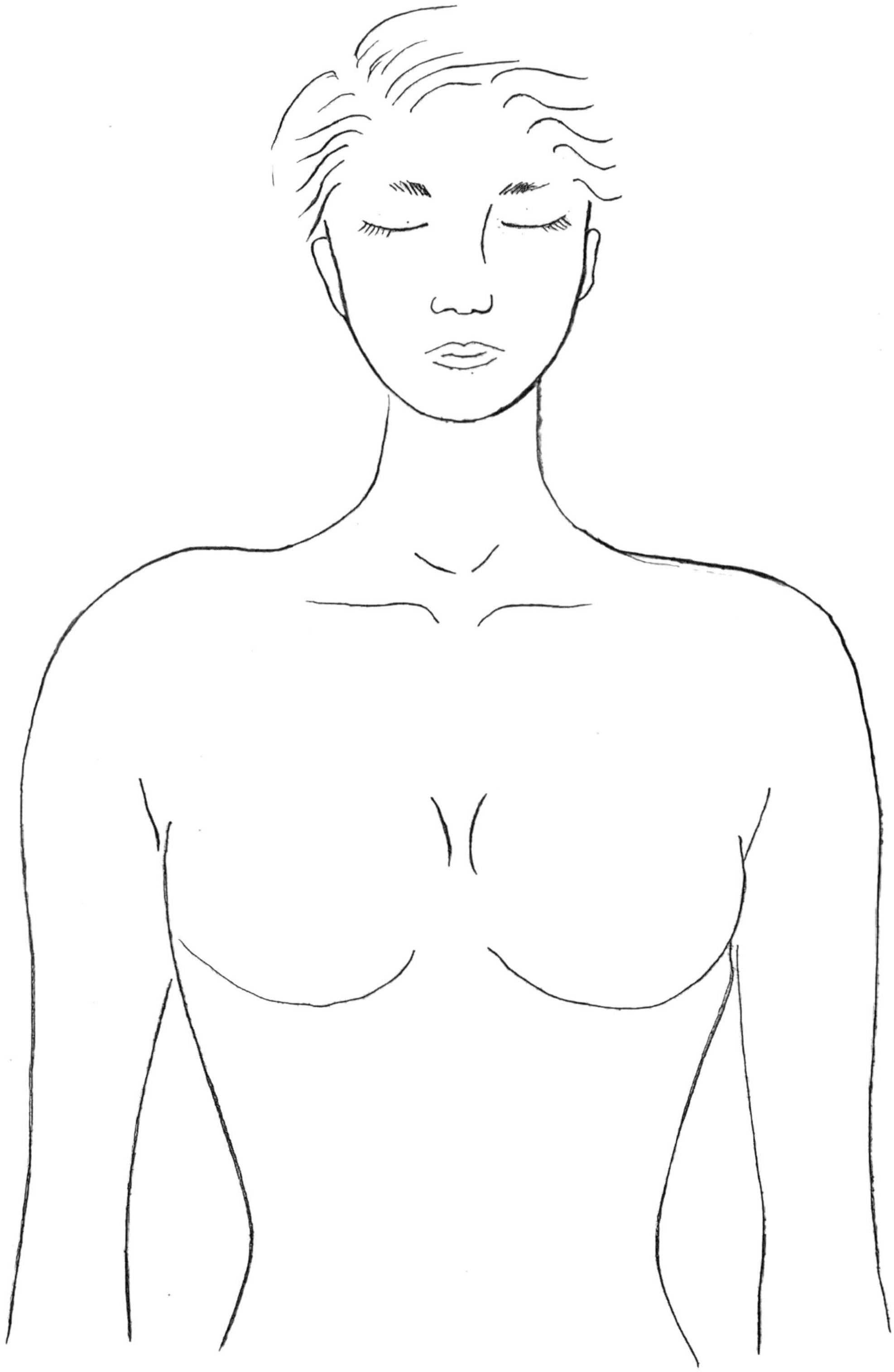

참고 문헌

- 강근영 외 4인, "All About Makeup", 메디시언, 2020.
- 구정은 외1인, "Professional Makeup & Image Making", 현문사, 2014.
- 권구정 외 5인, "Makeup Icon", 청구문화사, 2012.
- 김용선, "Beauty Color Design", 예림, 2011.
- 김활란 외 5인, "메이크업개론", 한국의맥, 2015.
- 송서현 외 2인, "NCS기반 기본메이크업", 진샘미디어, 2018.
- 이현주 외4인, "The Make-up", 예림, 2015.
- 정철순 외 3인, "메이크업 시크릿", 교학사, 2011.
- 화장품 제품관련 사진, https://mustaev.co.kr/, 머스테브